Dir, Heiner, mit freundlichen Grüßen
Heinz

UNTERSUCHUNGEN ÜBER VERÄNDERUNGEN IN DEN BUCHENSCHÜRZEN DER KALK-BUCHENWÄLDER DES TEUTOBURGER WALDES

I n a u g u r a l - D i s s e r t a t i o n

zur

Erlangung des Doktorgrades der

Mathematisch-Naturwissenschaftlichen Fakultät

der Universität Düsseldorf

vorgelegt von

Heinz Neite

aus Coesfeld

- 1987 -

Gedruckt mit Genehmigung der Mathematisch-Naturwissenschaftlichen Fakultät der Universität Düsseldorf

Referent:	Prof. Dr. R. Wittig
Korreferent:	Prof. Dr. H. Greven
Tag der mündlichen Prüfung:	3. 2. 1987

DISSERTATIONES BOTANICÆ

BAND 108

Untersuchungen über Veränderungen in den Buchenschürzen der Kalk-Buchenwälder des Teutoburger Waldes

von

HEINZ NEITE

Mit 23 Abbildungen und 37 Tabellen im Text
sowie als Anhang

J. CRAMER
in der Gebrüder Borntraeger Verlagsbuchhandlung
BERLIN · STUTTGART 1987

Anschrift des Verfassers:

Dr. Heinz Neite
Institut für Ökologische
Pflanzenphysiologie und Geobotanik
Universitätsstr. 1
4000 Düsseldorf

Printed in Germany by strauss offsetdruck gmbh, 6945 Hirschberg 2
ISBN 3-443-64020-6

Meinen Eltern gewidmet

Die vorliegende Arbeit wurde unter der Anleitung von Herrn Prof. Dr. R. Wittig in der Abteilung Geobotanik am Institut für Ökologische Pflanzenphysiologie und Geobotanik der Universität Düsseldorf angefertigt.

Herrn Prof. Wittig danke ich an dieser Stelle für die Überlassung des Themas, für sein Interesse und seine Förderung.

Desweiteren möchte ich allen danken, die mir bei dieser Arbeit geholfen haben.

INHALTSVERZEICHNIS

Seite

1. EINLEITUNG

Eine in Mitteleuropa seit Jahrzehnten andauernde Belastung der Stammfußbereiche von Buchen hat dort u.a. zu deutlichen Veränderungen des chemischen Bodenzustandes und der Zusammensetzung der Krautschicht geführt (Abb. 1). Eine natürliche Besonderheit der Buche, ihre schräg nach oben gerichteten Äste und ihre glatte Rinde, wirken wie ein großer Sammeltrichter für das Niederschlagswasser. Dies führt dazu, daß die in den Kronenraum eingetragenen anorganischen und organischen Substanzen mit einer im Vergleich zur Bestandesmitte um das bis zu 10-fach höheren Wassermenge über den Stammablauf in die stammnahen Bodenbereiche gelangen. KOENIES (1982) unterscheidet hierbei anhand des Einsickerungsortes zwischen den hangseitigen Baumfußtaschen und den talseitigen Buchenschürzen.

JOCHHEIM (1985) gibt eine Belastung der Stammfußbereiche mit einem im Vergleich zur Bestandesmitte um das 10- bis 20-fache erhöhten Ioneneintrag an und berechnete für den H^+-Eintrag einen um das 23-fache höheren Wert. Die erhöhten Säureeinträge haben in den Stammfußbereichen fast aller bisher untersuchten Buchenwälder Mitteleuropas unabhängig vom geologischen Ausgangsmaterial und vom Bodentyp zu einer deutlichen Absenkung der pH-Werte im Oberboden geführt. Da eine pH-Absenkung in zahlreichen industriefernen Waldgebieten Südeuropas noch nicht nachgewiesen wurde, wird diese Entwicklung von verschiedenen Autoren (GLAVAC et al. 1985; WITTIG 1986) als ein Indikator für stärker immissionsbelastete Buchenwälder angesehen.

Als Folge der pH-Absenkung werden basische Kationen aus dem Oberboden ausgewaschen und in tiefere Bodenschichten verlagert. Gleichzeitig gelangen in verstärktem Maße toxische Metallkationen (Al, Mn und Fe) und Schwermetalle, die aus den Mineralen freigesetzt oder über Depositionen eingetragen werden, in die Bodenlösung. Damit verändern sich auch die Kationensättigungsanteile der Elemente an den Austauscherplätzen der Tonminerale und der organischen Substanz. Eine Blockierung und Zerstörung von Austauscherplätzen führt darüberhinaus zu einer Abnahme der effektiven Austauschkapazität und zu einer verminderten Pufferfähigkeit der Böden. Diese

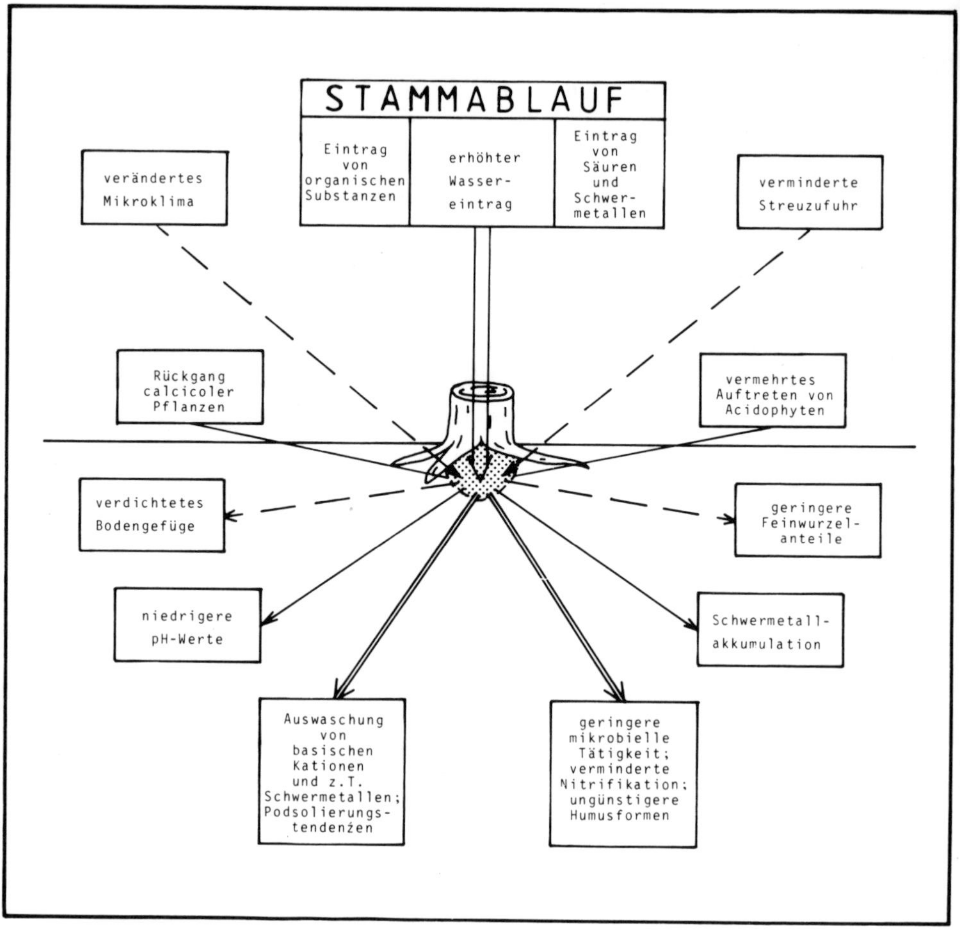

Abb. 1: Schematische Darstellung der Belastungen und Eigenarten des Sonderstandortes "Buchenschürze".

Entwicklung wird als ein weiterer Indikator für eine Immissionsbelastung angesehen, da sie in den Stammfußbereichen fast aller bisher untersuchten Buchenwälder Mitteleuropas nachgewiesen wurde (GLAVAC et al. 1985; WITTIG & WERNER 1986).

Wegen seines Speicherungsvermögens für eingetragene Schwermetalle, vor allem für die wenig mobilen Schwermetalle Blei und Kupfer, kann der humusreiche Oberboden im Stammfußbereich als Anzeiger für eine Schwermetallbelastung von Buchenwäldern benutzt werden (GLAVAC et al. 1985; GLAVAC & KOENIES 1986; WITTIG & WERNER 1986). In der Akkumulation von Schwermetallen im Oberboden und der organischen Auflage, bei nicht nachweisebarer pH-Absenkung und unveränderter Kationenaustauscherbelegung, sehen GLAVAC et al. (1985) den Beginn einer Immissionsbelastung. Schwermetalle können bei einer weiter fortschreitenden Versauerung der Waldböden aus dem Oberboden ausgetragen werden und zu einer Belastung des Grundwassers führen (KOENIES 1982).

In einigen Untersuchungen (u.a. WITTIG & NEITE 1983; NEITE & WITTIG 1985; JOCHHEIM 1985) konnte gezeigt werden, daß der ungünstige chemische Bodenzustand in den Stammfußbereichen eine veränderte floristische Zusammensetzung der Krautschicht zur Folge haben kann. Dabei wurde in den Buchenwäldern auf basenreichen Standorten neben dem Rückgang basiphiler Pflanzenarten eine Zunahme von Acidophyten beobachtet. Vor allem das gehäufte Vorkommen von Avenella flexuosa, eines Säurezeigers, der in der Bestandesmitte dieser Buchenwälder normalerweise nicht anzutreffen ist, war in diesem Zusammenhang besonders interessant. Die Eignung dieser Art als Indikator für den veränderten chemischen Bodenzustand und als Anzeiger für Immissionsbelastungen von Buchenwäldern auf basenreichen Standorten wurde in den Untersuchungen hervorgehoben.

Als Untersuchungsgebiet wurde für die vorliegende Arbeit der Teutoburger Wald ausgewählt, der aufgrund seiner geographischen Lage besonders immissionsbelastet sein sollte, für den jedoch noch keine Eintragsmessungen vorliegen. Die Untersuchungen wurden in 14 Kalk-Buchenwäldern dieses Gebietes durchgeführt, da nach ULRICH et al. (1979) nur noch Buchenwälder, die auf einer flachgründigen Rendzina stocken, wegen ihres hohen Carbonatgehaltes die Fähigkeit besitzen sollten, eingetragene Säuren ausreichend abzupuffern. Diese Vermutung konnten GLAVAC & KOENIES (1986) für Buchenwälder in Nordhessen bestätigen.

Erstes Ziel der vorliegenden Untersuchung ist die Darstellung der im Vergleich zur Bestandesmitte aufgetretenen boden- und vegetationskundlichen Veränderungen in den Buchenschürzen, also den talseitigen Einsickerungsbereichen des Stammablaufwassers. Die Eignung dieser Sonderstandorte als Indikatoren zur Beurteilung einer Immissionsbelastung und ihrer Auswirkungen in dem Untersuchungsgebiet soll anhand der beobachteten Veränderungen überprüft werden.

2. MATERIAL UND METHODEN

2.1. Das Untersuchungsgebiet

2.1.1. Lage und Relief

Die vorliegenden Untersuchungen wurden im Teutoburger Wald durchgeführt, dessen annähernd 120km langer Höhenrücken die Westfälische Bucht im Norden begrenzt. Der westliche Teil des Untersuchungsgebietes (Tecklenburger Osning) besteht aus zwei parallel verlaufenden Höhenzügen, die von rund 100m ü.NN im Nordwesten nach Südosten auf 300m Höhe zunehmen. Der südöstliche Teil (Bielefelder Osning) dieses, im Südosten bis 450m hohen Schichtrippengebirges, geht allmählich in die südlich anschließende Egge über.

Tab. 1: Geographische Lage der Untersuchungsflächen.

Nr	Unter-suchungs-fläche	TK	R/H	Höhe ü.NN (m)	Exp.	Inkl. (°)
01	Strubberg	3712	3419.2/ 5786.7	145	SSW	21
02	Großer Freeden	3814	3438.0/ 5781.1	260	SSW	16
03	Wehdeberg	3815	3444.1/ 5779.0	260	ONO	29
04	Schollegge	3815	3446.1/ 5777.5	245	S	26
05	Jostberg	3916	3465.1/ 5764.5	240	S	21
06	Blömbkeberg	3916	3465.2/ 5764.0	200	WSW	15
07	Rosenberg	4017	3467.8/ 5761.7	250	WSW	22
08	Auf dem Polle	4017	3474.3/ 5759.2	300	S	17
09	Menkhauser Berg	4017	3476.5/ 5757.8	265	SW	17
10	Barkhauser Berge	4018	3477.2/ 5756.9	240	SSW	27
11	Stapelager Berge I	4018	3480.4/ 5755.8	270	SW	18
12	Stapelager Berge II	4018	3480.9/ 5755.9	345	SW	25
13	Hermanns-berg	4018	3482.0/ 5755.3	350	SSO	25
14	Hörster Berg	4018	3482.6/ 5754.9	300	OSO	17

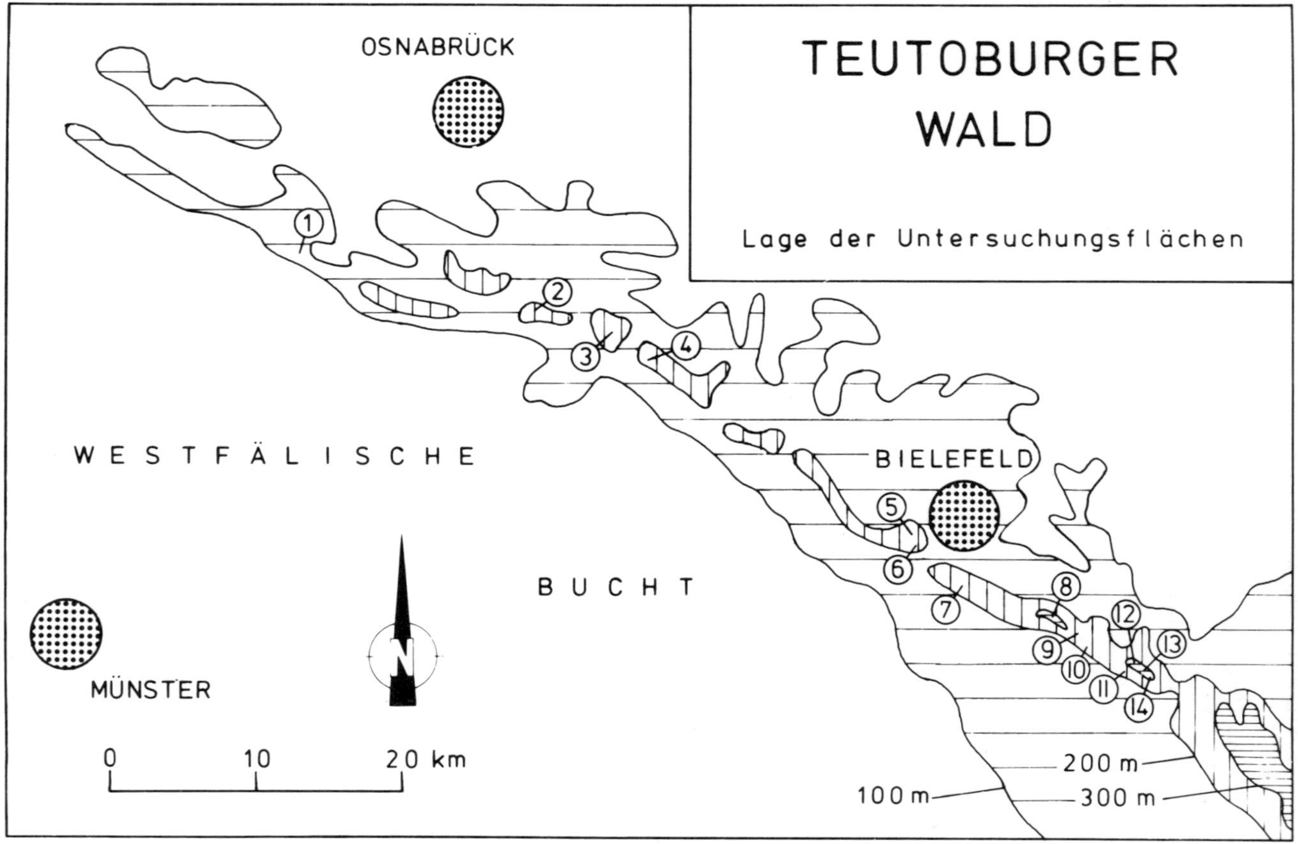

Abb. 2: Das Untersuchungsgebiet.

Die Untersuchungsflächen (Abb. 2) liegen an den vorwiegend südlich exponierten steilen Hängen (15 bis 29°) des ersten, der Westfälischen Bucht zugewandten Höhenzuges des Teutoburger Waldes, in 145 bis 350m ü. NN (Tab. 1).

2.1.2. Klima

Das atlantische Regionalklima des Teutoburger Waldes mit den regenreichsten Monaten im Sommer (Juli und August), wird durch die stark exponierte Lage des Gebirges noch verstärkt (MEISEL 1959). Die vorwiegend mit westlichen und südwestlichen Winden herantransportierten Luftmassen werden am Südwestrand des Teutoburger Waldes gestaut und führen dort zu erhöhter Wolkenbildung mit besonders hohen Niederschlagsmengen (im Nordwesten bis 900mm, im Südosten bis 1100mm Jahresniederschlag; BACH 1973). Außerdem führen die besonderen kleinklimatische Verhältnisse in den Staulagen des Gebirges vor allem im Winter, bei allgemein niedriger Wolkenuntergrenze, zu einer Erhöhung der Wolken- und Nebelhäufigkeit auf das Doppelte bis Dreifache der Umgebung (DIEMONT 1938; BACH 1973). Die höchsten Kammlagen des Teutoburger Waldes werden daher mit Jahresmitteltemperaturen unter 8°C (1.2 bis 1.4^{o} kälter als die Umgebung) und zahlreichen Frosttagen bereits als submontan bezeichnet (MEISEL 1959).

Die Untersuchungsflächen liegen somit in für den Eintrag von Luftverunreinigungen besonders exponierten Staulagen der nordwestdeutschen Mittelgebirge und in der Hauptwindrichtung der aus ca. 80 bis 120km Entfernung vom Industriezentrum Ruhrgebiet verfrachteten staub- und gasförmigen Emissionen. Buchenwälder dieser Gebiete besitzen nach MAYER (1981) eine beträchtliche Filterwirkung für gas-, staub- und tröpfchenförmige Luftverunreinigungen (vgl. GODT et al. 1985).

2.1.3. Geologie und Boden

Für die Untersuchungen wurden Wälder ausgewählt, die auf einem geologisch einheitlichen Ausgangsmaterial stocken, welches den Schichten der Oberkreide (Cenoman und Turon) zuzuordnen ist.

Der vorherrschende Bodentyp auf den Kalk- und Kalkmergelgesteinen (mit einem $CaCO_3$ -Gehalt von über 90%) sind Rendzinen. Diese basenreichen Humuskarbonatböden auf den flachgründigen Steilhängen der Untersuchungsflächen bestehen nur aus zwei Horizonten: dem humosen A_h-Horizont und dem darunterfolgenden z.T. steinigen und carbonatreichen B_vC_v- oder A_hC_v-Horizont (vgl. Kap. 3.1.1.). Die geringe Gründigkeit der Böden über dem meist klüftigen Kalk bedingt nur ein geringes Wasserhaltevermögen, so daß sie stets grundwasser- und staunässefrei sind.

Der Mineralboden wird, bei einer geschlossenen Vegetation, von einer bis zu 7cm mächtigen O_L-Lage aus wenig zersetzter Laubstreu und einer nur wenige Millimeter dicken O_F-Lage aus gut zersetzter Laubstreu bedeckt. Die Humusform des bis 12cm mächtigen A_h-Horizontes ist bei einem C/N-Verhältnis von ca. 14 als Mull zu bezeichnen (ARBEITSGEMEINSCHAFT BODENKUNDE 1982) und ist bei einem Anteil von bis zu 23% organischer Substanz stark humos (vgl. Kap. 3.1.2.).

Der meist carbonatfreie Mineralboden wird von den Pflanzenarten der üppigen Krautschicht stark durchwurzelt. Er erfährt durch zahlreiche Bodentiere, insbesondere Regenwürmer, eine intensive Durchmischung der organischen Substanz und des lehmigen Mineralbodens und besitzt daher ein ausgeprägtes Krümelgefüge. Fleckenweise sind die Rendzinen, vor allem in den unteren Hangpartien, mit Braunerde-Rendzinen geringer Entwicklungstiefe vergesellschaftet (vgl. DIEMONT 1938).

2.1.4. Potentielle natürliche Vegetation

Als potentielle natürliche Vegetation der Kalkgebiete des Teutoburger Waldes werden von BURRICHTER (1973) Buchenwälder (Melico- und Asperulo-Fageten) angegeben. Während diese Gebiete noch vor 200 Jahren mit Niederwald bestockt waren, ist der ursprüngliche Zustand heute wieder gegeben. Die Buchenwälder der Untersuchungsgebiete werden heutzutage meist im Hochwaldbetrieb mit 110- bis 130-jähriger Umtriebszeit bewirtschaftet (BURRICHTER 1953).

2.2. Auswahl und Abgrenzung der Untersuchungsflächen

2.2.1. Die Vegetation

Die untersuchten Kalk-Buchenwälder wurden innerhalb eines Zeitraums von zwei Wochen Anfang bis Mitte Mai 1985 pflanzensoziologisch nach der Methode von BRAUN-BLANQUET (1964) aufgenommen. Zusätzlich wurden die Untersuchungsflächen an drei weiteren Terminen Ende März, Ende Juli und Mitte September aufgesucht, um das komplette Arteninventar zu erfassen. Die durch den Stammablauf beeinflußten Bodenbereiche wurden bei den Aufnahmen ausgespart.

Die Flächengröße der aufgenommenen Untersuchungsflächen beträgt 400 bis 1500m^2 und wurde durch die Auswahl und Lage von 10 Probebäumen begrenzt. Die Buchen waren annähernd gleich groß und wiesen in ihren Stammfußbereichen deutlich ausgeprägte Buchenschürzen auf.

Von jedem Baum wurde die Höhe mit einem Altimeter-Höhenmesser (BL6 der Firma Leiss) bestimmt. Der Baumdurchmesser ist als Brusthöhendurchmesser in 1.30m Höhe aus dem Umfang der Stämme berechnet worden. Der Kronendurchmesser wurde durch Projektion der Kronengrenzen auf den Waldboden festgelegt (vgl. KOENIES 1982). Er ist als Mittelwert von zwei Einzelmessungen angegeben, da die Kronen in Hangrichtung häufig einen größeren Durchmesser aufwiesen.

Die ca. 90- bis 130-jährigen Buchen der Untersuchungsflächen sind im Mittel 18 bis 29m hoch, ihr Brusthöhendurchmesser beträgt 38 bis 56cm und der Kronendurchmesser beträgt im Mittel 6.2 bis 9.1m (Tab. 2). Unter den gemessenen Baumparametern bestehen nur zwischen Baumdurchmesser und Baumhöhe (r=+0.59, P=1.2%), bzw. Baum- und Kronendurchmesser (r=+0.50, P=3.6%) schwache positive Korrelationen; d.h. mit zunehmender Dicke sind die untersuchten Buchen auch höher und weisen einen größeren Kronenraum auf.

Tab. 2: Angabe einiger Baumparameter; für jede Untersuchungsfläche ist der Mittelwert aus 10 Einzelmessungen angegeben.

Nr	Baumhöhe (m)	Baumdurchmesser(cm)	Kronendurchmesser(m)
01	23	42	7.2
02	26	50	7.3
03	28	49	6.2
04	24	45	7.7
05	26	56	9.1
06	27	50	7.8
07	18	45	7.4
08	21	50	8.3
09	20	42	7.4
10	19	49	7.9
11	25	45	7.5
12	19	38	7.0
13	24	43	6.7
14	29	48	7.9
$\bar{x}$	24	47	7.5
s	4	5	0.7

Die pflanzensoziologischen Aufnahmen der 14 Untersuchungsflächen sind in Tab. 3 aufgeführt. Mit wenigen Ausnahmen besteht die Baumschicht der kartierten Wälder nur aus Buchen, die ein dichtes Kronendach bilden. In diesen lichtarmen Hallenwäldern findet sich nur auf der Untersuchungsfläche 1 eine mit ca. 10% Deckung nennenswerte Strauchschicht, während sie in den übrigen Flächen unter 5% Deckung liegt. Die untersuchten Wälder besitzen eine mit 90 bis 100% Deckung nahezu geschlossene Krautschicht, in der Bodenmoose wegen einer dichten Laubstreuschicht fast nie auftreten. Moose finden sich nur in den laubfreien Bereichen der Stammfußbereiche sowie auf Baumstümpfen.

Die Untersuchungsflächen 1, 4-7, 9-11 und 14 werden dem grasreichen Kalk-Buchenwald, die Flächen 2, 3, 8, 12 und 13 dem krautreichen Kalk-Buchenwald zugeordnet. Nach DIEMONT (1938) und BURRICHTER (1953) sind die floristischen Unterschiede der beiden Typen in den verschiedenen lokalklimatischen Verhältnissen der Standorte begründet. Die grasreiche Ausbildung der Kalk-Buchenwälder wächst vorwiegend auf den südlich exponierten Hängen des Untersuchungsgebietes, während der krautreiche Kalk-Buchenwald die leeseitigen, schattigen und feuchteren Nord- und Osthänge bedeckt. In höheren Lagen (über 300m) greift diese Ausbildung aber auch auf die Südhänge über, da hier aufgrund der hohen Nebelhäufigkeit noch genügend feuchte Bedingungen herrschen.

Das Bild des grasreichen Kalk-Buchenwaldes wird durch mehr oder weniger geschlossene Rasen von Melica uniflora bestimmt, sowie durch die Differentialarten Vicia sepium, Brachypodium sylvaticum, Lathyrus vernus, Hordelymus europaeus und Dactylis polygama charakterisiert. Der sommerliche Aspekt des krautreichen Kalk-Buchenwaldes wird durch die dichten Bestände von Mercurialis perennis geprägt. Die Frühjahrsgeophyten Arum maculatum, Anemone ranunculoides, Allium ursinum, Corydalis cava und Ranunculus ficaria sind nach DIEMONT (1938) und BURRICHTER (1953) weitere Differentialarten. Arum maculatum kommt aber auf allen Untersuchungsflächen vor und ist daher in den vorliegenden Aufnahmen keine Differentialart der krautreichen Kalk-Buchenwälder.

Tab. 3: Pflanzensoziologische Tabelle der 14 untersuchten Kalk-Buchenwälder. Die Aufnahmen 1-9 werden dem Typ des grasreichen, die Aufnahmen 10-14 dem Typ des krautreichen Kalk-Buchenwaldes zugeordnet.

	grasreicher Kalk-Buchenwald									krautreicher Kalk-Buchenwald				
Laufende Nr	1	2	3	4	5	6	7	8	9	10	11	12	13	14
Untersuchungsfläche Nr	11	05	06	07	14	01	09	10	04	12	02	03	08	13
Höhe über NN (m)	240	240	200	250	300	145	265	240	245	345	260	260	300	350
Exposition	SW	S	WSW	WSW	OSO	SSW	SW	SSW	S	SW	SSW	ONO	S	SSO
Inklination (°)	18	21	15	22	17	21	17	27	26	25	16	29	17	25
Höhe der Baumschicht (m)	25	26	27	18	29	23	20	19	24	19	26	28	21	24
Alter der Bäume (Jahre)	100	130	110	100	110	90	90	110	100	90	110	110	110	100
Baumschicht (Deckung, %)	95	90	90	85	95	85	95	95	95	95	95	85	95	95
Strauchschicht (Deckung, %)	5	5	5	5	5	10	5	5	5	5	5	5	5	5
Krautschicht (Deckung, %)	100	100	100	100	100	95	95	95	95	95	95	100	95	95
Artenzahl (Krautschicht)	20	25	24	24	25	28	18	23	26	25	15	29	16	8
Flächengröße (m²)	900	1000	1000	800	1500	800	600	1500	1200	1500	900	600	400	400
Baumschicht														
Fagus sylvatica	5	5	5	5	5	5	5	5	5	5	5	5	5	5
Fraxinus excelsior	.	+	+	+	.	.	.	.	.	.	+	.	.	+
Carpinus betulus	.	.	.	.	.	+	.	.	.	.	.	.	.	.
Quercus robur	.	.	.	.	.	+	.	.	.	.	.	.	.	.
Prunus avium	.	.	.	.	.	.	.	.	.	.	.	.	.	+
Strauchschicht, Juv und Klg														
Fagus sylvatica	1	+	1	1	1	1	+	1	+	+	1	1	1	+
Fraxinus excelsior	.	+	+	+	+	1	.	.	1	.	+	+	.	.
Sambucus nigra	.	+	1	+	.	+	.	.	1	.	1	+	.	.
Hedera helix	.	.	+	+	+	1	.	+	+	.	+	.	.	.
Rubus fruticosus agg	+	+	.	.	1	1	.	+	+	.	.	.	.	.
Crataegus laevigata agg	.	.	.	+	+	.	.	+	.	1	+	.	.	.
Rubus idaeus	.	1	.	.	1	+	.	.	.	.	.	+	.	.
Rosa canina	.	.	.	.	.	+	.	+	.	.	.	.	.	.
Prunus avium	.	.	.	.	.	+	.	.	.	.	+	.	.	.
Acer platanoides	.	.	+	.	.	.	.	.	.	.	.	.	.	.
Acer pseudoplatanus	.	.	.	+	.	.	.	.	.	.	.	.	.	.
Carpinus betulus	.	.	.	.	.	+	.	.	.	.	.	.	.	.
Acer campestre	.	.	.	.	.	+	.	.	.	.	.	.	.	.
Crataegus monogyna	.	.	.	.	.	+	.	.	.	.	.	.	.	.
Quercus robur	.	.	.	.	.	+	.	.	.	.	.	.	.	.
Ilex aquifolium	.	.	.	.	.	+	.	.	.	.	.	.	.	.
Euonymus europaea	.	.	.	.	.	+	.	.	.	.	.	.	.	.
Cornus sanguinea	.	.	.	.	.	+	.	.	.	.	.	.	.	.
Sorbus aucuparia	.	.	.	.	.	.	.	.	+	.	.	.	.	.
Sambucus racemosa	.	.	.	.	.	.	.	.	.	.	.	+	.	.
Krautschicht														
-Differentialarten des grasreichen Kalk-Buchenwaldes														
Melica uniflora	5	5	5	5	5	4	4	4	4	1	+	.	.	.
Vicia sepium	1	2	2	.	+	+	1	+	1	+	.	.	.	.
Brachypodium sylvaticum	+	+	.	.	.	+	+	+	+	+	.	.	.	.
Lathyrus vernus	.	+	+	+	.	.	.	+	+	.	.	.	.	.
Hordelymus europaeus	.	2	2	.	+	.	.	.	.	.	.	.	.	.
Dactylis polygama	.	.	.	.	+	+	.	+	.	.	.	.	.	.
-Differentialarten des krautreichen Kalk-Buchenwaldes														
Arum maculatum	+	1	1	+	1	+	+	1	1	1	1	1	1	1
Mercurialis perennis	.	.	.	+	2	2	3	3	3	4	4	4	5	5
Anemone ranunculoides	.	1	1	+	1	.	1	.	+	1	1	1	+	+
Allium ursinum	.	1	+	2	.	.	.	.	+	1	1	3	1	.
Corydalis cava	.	.	.	.	.	.	.	.	+	+	4	3	.	.
Ranunculus ficaria	.	.	.	.	.	.	.	.	.	+	+	.	.	.
-Fagion-VC-, Fagetalia-OC-, Querco-Fagetea-KC-Arten														
Lamiastrum galeobdolon	1	2	2	2	1	2	1	.	2	1	1	2	+	.
Anemone nemorosa	1	2	2	2	+	2	1	1	1	+	.	1	+	.
Galium odoratum	2	2	2	.	1	1	.	1	1	2	+	2	.	1
Viola reichenbachiana	1	+	+	+	+	2	+	1	+	.	.	+	+	.
Milium effusum	1	2	2	+	1	.	.	.	2	1	+	+	.	+
Alliaria petiolata	+	+	.	1	.	+	.	.	1	1	+	2	+	+
Polygonatum multiflorum	.	+	+	+	1	1	+	.	+	.	1	1	1	.
Campanula trachelium	.	+	+	+	+	+	+	+	+	+	.	+	.	.
Moehringia trinervia	+	.	+	+	+	+	+	+	+	+	.	.	+	.
Mycelis muralis	+	.	.	.	+	+	+	+	1	+	.	1	+	.
Poa nemoralis	+	1	+	.	.	+	+	+	1	+	.	.	.	+
Dryopteris filix-mas	.	.	.	+	.	.	.	+	+	+	+	+	.	.
Carex sylvatica	1	.	.	.	+	.	.	.	+	.	.	.	+	.
Circaea lutetiana	.	+	1	.	.	.	.	.	.	.	.	1	+	.
Scrophularia nodosa	.	.	+	.	+	.	.	+	.	.	.	+	.	.
Festuca gigantea	+	.	.	.	+	+	.	.	.	.	.	.	.	.
Hepatica nobilis	.	.	.	+	.	.	+	+	.	.	.	.	.	.
Sanicula europaea	.	.	.	+	.	1	.	.	.	.	.	.	.	.
Cynanchum vincetoxicum	.	.	.	+	.	.	.	1	.	.	.	.	.	.
Stachys sylvatica	.	.	.	.	+	.	.	.	.	.	.	+	.	.
Epilobium montanum	.	.	+	.	.	.	.	.	.	.	.	.	.	.
Convallaria majalis	.	.	.	2	.	.	.	.	.	.	.	.	.	.
Bromus benekenii	.	.	.	.	.	+	.	.	.	.	.	.	.	.
Epipactis helleborine	.	.	.	.	.	+	.	.	.	.	.	.	.	.
Hypericum montanum	.	.	.	.	.	+	.	.	.	.	.	.	.	.
Pulmonaria officinalis	.	.	.	.	.	+	.	.	.	.	.	.	.	.
Hieracium sylvaticum	.	.	.	.	.	+	.	.	.	.	.	.	.	.
Phyteuma spicatum	.	.	.	.	.	.	1	.	.	.	.	.	.	.
Carex digitata	.	.	.	.	.	.	.	+	.	.	.	.	.	.
Primula elatior	.	.	.	.	.	.	.	.	.	+	.	.	.	.
Actaea spicata	.	.	.	.	.	.	.	.	.	.	.	+	.	.
-Begleiter														
Oxalis acetosella	2	+	2	+	1	.	+	.	.	1	+	+	1	+
Urtica dioica	1	1	+	.	+	+	.	+	+	.	.	+	+	.
Athyrium filix-femina	.	+	.	+	+	.	.	.	.	.	+	+	.	.
Geranium robertianum	.	.	+	+	.	.	+	.	+	.	.	+	.	.
Galium aparine	.	+	+	+	.	.	.	.	.	+	.	.	.	.
Glechoma hederacea	+	.	.	.	.	.	.	+	.	+	.	+	.	.
Atropa bella-donna	+	.	.	.	.	.	.	+	.	.	.	+	.	.
Impatiens parviflora	.	+	.	.	.	1	.	.	.	.	.	1	.	.
Dryopteris dilatata	.	+	.	.	.	.	.	.	+	.	.	+	.	.
Dryopteris carthusiana	.	.	.	+	.	.	.	.	+	.	.	+	.	.
Galeopsis tetrahit	.	+	.	.	.	.	.	.	.	.	.	+	.	.
Luzula luzuloides	.	.	.	.	+	.	.	.	.	+	.	.	.	.
Fragaria vesca	.	.	.	.	.	1	.	+	.	.	.	.	.	.
Carex muricata agg	+	.	.	.	.	.	.	.	.	.	.	.	.	.
Torilis japonica	.	.	+	.	.	.	.	.	.	.	.	.	.	.
Veronica chamaedrys	.	.	.	.	+	.	.	.	.	.	.	.	.	.
Arctium nemorosum	.	.	.	.	.	+	.	.	.	.	.	.	.	.
Taraxacum officinale	.	.	.	.	.	+	.	.	.	.	.	.	.	.
Myosotis sylvatica	.	.	.	.	.	.	.	.	.	+	.	.	.	.

2.2.2. Die Probenahmestellen VERGLEICH, UEBERGANG und SCHUERZE

Nach KOENIES (1982) ist "das Fehlen der organischen Lagen auf der talseitigen Stammseite von Buchen" das charakteristische Merkmal einer Baumfuß(=Buchen)schürze. Durch das am Stamm herablaufende Wasser treten auf diesen Sonder-, Klein- oder Mikrostandorten typische Erosionszonen auf. Das abgeschwemmte organische Material lagert sich kranzförmig um diese Bereiche und bildet dort als sog. Akkumulationszone eine im Gelände optisch sichtbare und gut anzusprechende Abgrenzung der Buchenschürzen. In der vorliegenden Arbeit konnten in den 140 untersuchten Buchenschürzen nur in wenigen Fällen völlig laubfreie Bereiche beobachtet werden. Dies mag durch die windabschirmende Wirkung der üppigen Krautschicht der Untersuchungsflächen zu erklären sein. Die Windwirkung auf die Buchenschürzen wurde schon von TÜXEN (1977) beschrieben und von KOENIES (1982) bestätigt; dies gilt aber offenbar nur für krautschichtarme Bestände.

Charakteristisches Merkmal der untersuchten Buchenschürzen, die im weiteren als Probenahmestelle "SCHUERZE" bezeichnet werden, ist das Fehlen oder nur spärliche Auftreten von calcicolen Pflanzenarten. Viele der auf dieser Probenahmestelle gefundenen Arten waren nur kümmerlich entwickelt und schienen allgemein in ihrer Vitalität geschwächt. Demgegenüber finden die beobachteten Säurezeiger (vor allem Avenella flexuosa) hier offenbar bessere Lebensbedingungen; viele Individuen kommen sogar zur Blüte. Die ausgewählten Buchenschürzen zeigen in ihrer Ausdehnung annähernd die Form einer halben Ellipse. Zur Berechnung ihre Flächengröße wurden daher die Schürzenlänge und -breite bestimmt. Ansatzpunkte für die Messungen war jeweils der Eintritt der Baumwurzeln in den Boden und der Beginn der geschlossenen Krautschicht.

Die Schürzenlänge variiert von 85 bis 173cm und die Breite schwankt zwischen 55 und 100cm (Tab. 4). Die Schürzenfläche beträgt auf der Untersuchungsfläche 1 nur $0.41m^2$, während auf der Fläche 11 $1.26m^2$ bestimmt wurden. Entgegen den Untersuchungen von KOENIES (1982) konnten zwischen der Schürzenlänge und den gemessenen Baumparametern (Tab. 2) keine Beziehungen festgestellt werden, dagegen wurde die von KOENIES (1982) und JOCHHEIM (1985) beobachtete positive Korrelation (r=+0.540, P=2.4%) mit der Hangneigung bestätigt.

Tab. 4: Angabe einiger Parameter zur Ausdehnung der Buchenschürzen; für jede Untersuchungsfläche ist der Mittelwert aus 10 Einzelmessungen angegeben.

Nr	Schürzen-fläche(m^2)	Schürzen-länge(cm)	Schürzen-breite(cm)
01	0.41	85	58
02	0.69	90	93
03	0.72	120	81
04	0.91	131	86
05	0.68	150	55
06	0.63	107	68
07	0.50	105	58
08	0.81	106	89
09	0.78	114	88
10	1.06	165	80
11	1.26	151	100
12	1.12	173	83
13	0.73	119	76
14	0.53	119	56
$\bar{x}$	0.78	124	77
s	0.24	27	15

Am äußeren Rand der Buchenschürzen wurde kranzförmig ein ca. 20cm breiter Streifen als Probenahmestelle "UEBERGANG" ausgewählt. Dieser Bereich grenzt an die geschlossene Krautschichtdecke der Untersuchungsflächen und ist als Akkumulationszone durch eine mächtige Lage aus organischem Material gekennzeichnet.

Den Probenahmestellen SCHUERZE und UEBERGANG wurden in jeder Untersuchungsfläche in ca. 2m Entfernung, beiderseits eines jeden Probebaums, in nicht von Stammablaufwasser beeinflußten Bereichen, je zwei Probeflächen gegenübergestellt, die im weiteren als Probenahmestelle "VERGLEICH" bezeichnet werden und jeweils eine Größe von $1m^2$ aufweisen.

Insgesamt wurden somit auf den 14 Untersuchungsflächen an 140 Probebäumen die Probenahmestellen VERGLEICH (280 Probeflächen), UEBERGANG und SCHUERZE (jeweils 140 Probeflächen) vegetations- und bodenkundlich untersucht.

2.3. Untersuchungsmethoden

2.3.1. Vegetationsaufnahmen

Auf den Probenahmestellen VERGLEICH, UEBERGANG und SCHUERZE wurde, ebenfalls in dem Zeitraum von Anfang bis Mitte Mai 1985, die Präsenz aller Arten der Krautschicht (vgl. Tab. 3) notiert, wobei man im Sinne von ELLENBERG (1956) unter Präsenz das bloße Vorkommen der Arten ohne Rücksicht auf ihre Menge versteht. Die Ergebnisse dieser Aufnahmen sind in den Tabellen 22 bis 35 im Anhang angegeben. Die Methoden zur Auswertung der vegetationskundlichen Untersuchungen werden, da sie z.T. auf die Ergebnisse der Bodenuntersuchungen zurückgreifen, erst in Kap. 3.2.1. beschrieben.

2.3.2.. Bodenuntersuchungen

2.3.2.1. Entnahme und Aufarbeitung der Bodenproben

Innerhalb von drei Wochen wurden im Frühherbst 1984 auf jeder Untersuchungsfläche auf je 10 Probeflächen der Probenahmestellen SCHUERZE, UEBERGANG und VERGLEICH, nach Entfernen der organischen Auflage, Bodenproben aus den obersten 5cm des Mineralbodens entnommen. Die Bodenproben (ca. 200g) wurden luftdicht in Plastikbeuteln verpackt und bis zur Weiterverarbeitung tiefgefroren gelagert.

Zur Aufarbeitung wurden die Proben zunächst aufgetaut und anschließend von Steinen, Ästen, Blättern und Würmern gesäubert. Die Homogenisierung des Materials erfolgte durch Sieben mit einem Prüfsieb der Maschenweite 2mm. Der so gewonnene Frischboden wurde anschließend bei Raumtemperatur (ca. 25°C) getrocknet und nach etwa 2 Tagen zur Aufbewahrung in Polyethylenbeuteln verpackt.

2.3.2.2. Bestimmung des pH-Wertes

Zur Messung des pH($CaCl_2$)-Wertes wurden 10g lufttrockener Boden mit 25ml einer 0.01m $CaCl_2$-Lösung versetzt und 2 Stunden lang maschinell geschüttelt (MEIWES et al. 1984). Die pH-Wert-Bestimmung erfolgte elektrometrisch mit einer Einstab-Glaselektrode (Firma Ingold).

Nach der Messung des pH-Wertes wurden von jeder Einzelprobe 20g abgewogen und jeweils 5 Einzelproben zu zwei Mischproben vereinigt, an denen alle weiteren Analysen durchgeführt wurden. Von verschiedenen Autoren (vgl. ELLING & REHFUESS 1984; MEIWES et al. 1984) wird bei Bodenuntersuchungen die Vereinigung von Einzelproben zu Mischproben empfohlen, um auch mit geringerem Analysenaufwand die zuverlässige Ermittlung eines flächenrepräsentativen Mittelwertes mit kleinem Variationskoeffizienten zu gewährleisten. Nach einer Zusammenstellung von MEIWES et al. (1984) liegen in Waldböden die Variationskoeffizienten der Merkmalsgrößen bodenchemischer Parameter meistens zwischen 10 und 40%.

2.3.2.3. Carbonat-, Kohlenstoff- und Stickstoffbestimmung

Ein Teil des Mischprobenmaterials wurde bei 105°C getrocknet und zur Carbonat-, Kohlenstoff- und Sickstoffbestimmung in einer Kugelmühle fein gemahlen und anschließend in Glasgefäßen aufbewahrt.

Bei der Carbonat-Bestimmung nach SCHEIBLER (vgl. SCHLICHTING & BLUME 1966) konnten in den untersuchten Bodenproben der oberen 5cm des Mineralbodens keine nachweisbaren Gehalte bestimmt werden. Die Kohlenstoff- und Stickstoff-Gesamtgehalte der Proben wurden in einem Elementaranalysator (Mod. 1400 der Firma Erba Science) gemessen.* Der Humusgehalt einer Probe wurde durch Multiplikation des Kohlenstoff-Gesamtgehaltes mit dem Faktor 1.724 ermittelt (vgl. SCHEFFER & SCHACHTSCHABEL 1982).

2.3.2.4. Bestimmung der Kationen und Schwermetalle

Zur Bestimmung der Kationen Ca, Mg, K, Al, Fe, Mn, Zn und Pb, sowie des dissoziationsfähigen Wasserstoffs wurden folgende Extraktionsverfahren angewandt:

----

* Die Kohlenstoff- und Stickstoffbestimmungen wurde im bodenkundlichen Labor des Lehrstuhls für Landschaftsökologie des Institutes für Geographie der Universität Münster durchgeführt. Für die freundliche Hilfe bei den Analysen danke ich an dieser Stelle Frau F. Fuchs.

Wasser-Extraktion

20g lufttrockener Boden wurden mit 100ml Aqua dest versetzt, 2 Stunden geschüttelt und über Blaubandfilter abfiltriert (RUNGE 1983). Direkt nach der Filtration erfolgte eine pH-Wert-Bestimmung in der Lösung, um die H^+-Konzentration zu ermitteln. An wasser-extrahierbaren Kationen wurden Ca, Al und Fe gemessen.

NH_4Cl-Extraktion

10g lufttrockener Boden wurden mit 100ml einer 1N NH_4Cl-Lösung versetzt, 2 Stunden geschüttelt und über Blaubandfilter abfiltriert (RUNGE 1983). Direkt nach der Filtration wurde der pH-Wert der Lösung gemessen. Die Berechnung der tatsächlichen H^+-Konzentration erfolgte nach einem Programm von PRENZEL (vgl. MEIWES et al. 1984).

Als Maß für die effektive Austauschkapazität (AK_{eff}) wird in carbonatfreien Böden aus den Gehalten der austauschbaren Kationen (Ca, Mg, K, Al, Fe, Mn, Zn, Pb und H) die Summe ihrer Äquivalente (in mval/1000g Trockenboden) berechnet. Der prozentuale Anteil eines Kations an der AK_{eff} wird als Sättigung dieses Kations angegeben (vgl. SCHEFFER & SCHACHTSCHABEL 1982).

EDTA-Extraktion

10g lufttrockener Boden wurden mit 50ml einer 0.1m EDTA-Lösung versetzt, 2 Stunden geschüttelt und anschließend über Blaubandfilter abfiltriert (FISCHER & FECHTER 1982). An EDTA-extrahierbaren Kationen wurden Fe, Mn, Zn und Pb gemessen.

Säure-Aufschluß

0.5g fein gemahlener lufttrockener Boden wurden mit Königswasser (7ml konz. HCl, 3ml konz. H_2SO_4) versetzt, 4 Stunden bei 200^oC aufgeschlossen und nach Abkühlen über Blaubandfilter abfiltriert (Königswasseraufschluß; N.N. 1982). Im Säure-Aufschluß wurden die Gesamtgehalt der Schwermetalle Fe, Mn, Zn und Pb bestimmt.

Die Konzentrationen der Elemente wurden an einem Atomabsorptions-Spektralphotometer (AAS; Mod. 2280 der Firma Perkin Elmer) bestimmt. Die Extrakte mußten z.T. verdünnt werden. Für die Ca- und Mg-Bestimmung wurden sie mit einer $LaNO_3$-Lösung (Endkonzentration: 0.5%) versetzt, um Ionisationsstörungen zu verhindern. Die Elemente Al und Fe konnten im Wasser-Extrakt atomabsorptionsspektrometrisch nicht erfaßt werden. Ihre

Bestimmung erfolgte mit Hilfe der Graphitrohrtechnik am AAS. Die Kationengehalte sind in ppm (mg/1000g Trockenboden) angegeben.

2.3.3. Statistische Auswertung

Die statistische Auswertung der Daten erfolgte mit Hilfe des SPSS-Programmpaketes (vgl. BEUTEL et al. 1980; BAUER 1984) auf der Rechenanlage (TR 445) der Universität Düsseldorf.

Von den Einzelmessungen der Bodenmischproben wurden für jede Probenahmestelle (14 Untersuchungsflächen, 28 Einzelwerte) die Mittelwerte ($\bar{x}$) und Standardabweichungen (s) berechnet und in den Tabellen und Abbildungen angegeben. Die beiden Mischprobenwerte einer Untersuchungsfläche wurden für Korrelationsberechnungen (z.B. mit Baumparametern, der Hangneigung oder Schürzenlänge) zu einem Wert gemittelt.

Die Werte der drei Probenahmestellen VERGLEICH, UEBERGANG und SCHUERZE werden als voneinander unabhängige Stichproben angesehen. Eine Normalverteilung der Daten kann nicht vorausgesetzt werden. Daher können folgende Testverfahren durchgeführt werden:

Der verteilungsunabhängige <u>U-Test</u> von WILCOXON, MANN & WHITNEY (vgl. SACHS 1984; BAUER 1984) prüft, ob zwei unabhängige Stichprobenreihen aus derselben Grundgesamtheit stammen. Im weiteren werden für jeden U-Test die Signifikanzniveaus angegeben, mit der die Unterschiede zwischen den Probenahmestellen abgesichert sind. Dabei bedeutet:

+++	der Unterschied ist bei 0.1% Irrtumswahrscheinlichkeit signifikant;
++	der Unterschied ist bei 1% Irrtumswahrscheinlichkeit signifikant;
+	der Unterschied ist bei 5% Irrtumswahrscheinlichkeit signifikant;
n.s.	die Unterschiede sind nicht signifikant.

Mit dem verteilungsunabhängigen <u>SPEARMAN-Rangkorrelations-Test</u> (vgl. SACHS 1984; BAUER 1984) wird geprüft, ob Zusammenhänge zwischen paarweise erhobenen Stichprobenreihen vorliegen. Für jeden Korrelations-Test wird der Korrelations-Koeffizient (r) und das Signifikanzniveau (P) angegeben, mit dem Zusammenhänge abgesichert sind. Außerdem wird vermerkt, ob eine positive (+) oder negative (-) Korrelation vorliegt.

2.3.4. Diversität und Evenness

Strukturelle Aspekte eines jeden Systems können durch die Berechnung der Diversität, das ist die innere Vielfalt oder Mannigfaltigkeit eines Systems, erfaßt werden. Die Diversität (D) ist von zwei Parametern abhängig:

1. von der Anzahl (n) der vorhandenen Elemente und
2. von den Dominanzverhältnissen der Elementanteile oder mit anderen Worten vom Grad der Gleichverteilung der Elementanteile auf die Elemente, der als Evenness (E) bezeichnet wird (vgl. hierzu: PIELOU 1969; NAGEL 1976; STÖCKER & BERGMANN 1977; STUGREN 1978; HAEUPLER 1982).

Führen Belastungen, das sind nach ELLENBERG (1972) nicht zum normalen Haushalt eines Systems gehörende Faktoren oder Komplexe von Faktoren (z.B. die über den Stammablauf in den Boden eingetragenen anorganischen und organischen Substanzen), zu Veränderungen des Systems, so lassen sich diese durch eine Änderung der Diversität des Systems nachweisen. Zur Berechnung der Diversität wird die Shannon-Formel (SHANNON 1976) benutzt:

$$D = -\sum_{i=1}^{n} p_i \ln p_i$$

$$p_i = \frac{\text{Anteil eines Elementes i}}{\text{Summe der Anteile aller Elemente}}$$

Diese Formel ist für die Charakterisierung der Information jedes beliebigen Systems geeignet, da sie Form und Inhalt der Information außer Acht läßt und nur von der Wahrscheinlichkeitsverteilung abhängt (STUGREN 1978). Der Begriff Diversität ist somit auf jedes abstrakte oder konkrete System, das in einzelne Elemente und deren Anteile zu zerlegen ist, anwendbar (NAGEL & SCHÄFER 1978). Daher ist die Diversität in jedem Fall näher zu charakterisieren.

In Abb. 3 ist die Abhängigkeit des Diversitäts-Anteils (D_i) eines Elementes von p_i graphisch dargestellt. Wird die Summe der Anteile aller Elemente gleich 100% gesetzt, so erreicht D_i bei einem Anteil von 36.8% einen maximalen Wert ($D_i$max) von 0.368.

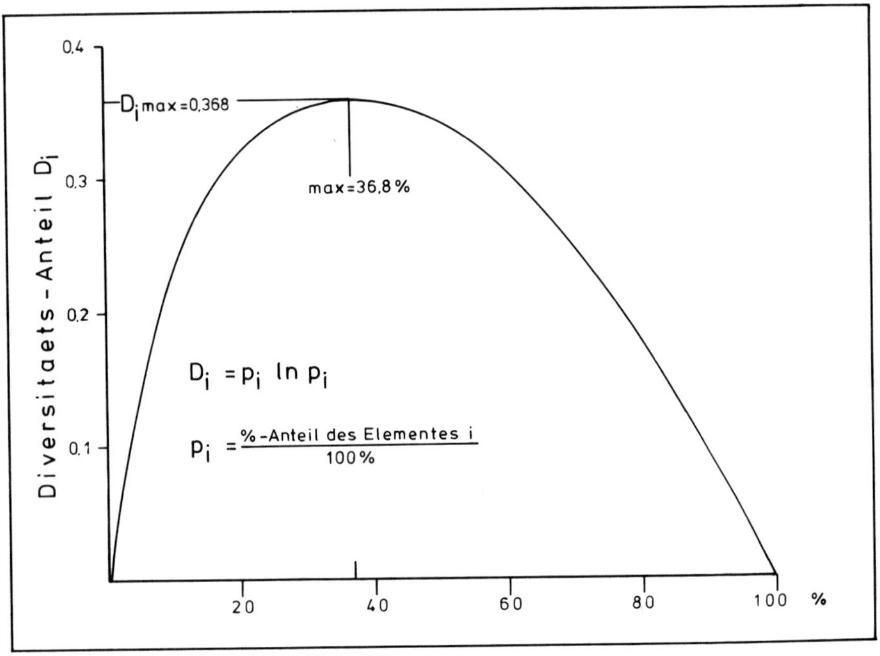

Abb. 3: Graphische Darstellung der Abhängigkeit des Diversitäts-Anteils (D_i) vom %-Anteil des Elementes i.

Die Evenness gibt den prozentualen Anteil der berechneten Diversität an der bei gleicher Elementzahl maximal möglichen Diversität (D_{max}) an (vgl. HAEUPLER 1982). Sie wird berechnet als:

$$E = \frac{D}{D_{max}} \times 100$$

und läßt sich, da D_{max} = ln n ist, auch in der Form:

$$E = \frac{D}{\ln n} \times 100$$

darstellen.

Die Evenness kann theoretisch Werte zwischen 0 und 100% erreichen; sie ist bei n=1 Null und bei gleichen prozentualen Anteilen aller vorhandenen Elemente gleich 100. Sie wird im Gegensatz zur Diversität nicht von der Anzahl der Elemente beeinflußt und ist daher für Vergleiche von Systemen mit unterschiedlichem n besser geeignet. Dies gilt z.B. für den Vergleich von Vegetationsbeständen mit unterschiedlicher Artenzahl.

3. ERGEBNISSE

3.1. Boden

3.1.1. Differenzierung der Probenahmestellen anhand der Mächtigkeiten der organischen Auflage und des Mineralbodens

Anhand der Mächtigkeiten der organischen Auflage sind deutliche Unterschiede zwischen den drei Probenahmestellen nachzuweisen. Die Mächtigkeit der O_L-Schicht ist in der SCHUERZE mit 0.3 bis 1.4cm (im Mittel 0.8cm) am geringsten, während im UEBERGANG 1.9 bis 5.7cm gemessen wurden und im VERGLEICH auf der Untersuchungsfläche 5 sogar 7.0cm (im Mittel 4.8cm) erreicht werden. Die Unterschiede zwischen VERGLEICH und UEBERGANG sind nicht signifikant. Die Qualität der Laubstreu verändert sich unter dem Einfluß des Stammablaufes. Im UEBERGANG sind die organischen Auflagen dichter gelagert und bestehen z.T. aus alten, noch wenig zersetzten Pflanzenteilen. Unter dem Einfluß der großen Wassermassen hält sich in der SCHUERZE nur eine dünne O_L-Schicht aus wenig zersetzter Buchenstreu. Liegt die SCHUERZE im Schutz von Wurzelansätzen, dann ist die O_L-Schicht dicker, liegt sie als Folge der Abtragung durch das Stammablaufwasser frei, beträgt die Dicke nur noch wenige Millimeter. In einigen Fällen treten in der SCHUERZE auch völlig laubfreie Stellen auf, die aber nie den ganzen Berich der Probenahmestelle einnehmen.

Anhand der Mächtigkeiten der O_F-Schichten lassen sich die drei Probenahmestellen ebenfalls deutlich voneinander differenzieren. Im UEBERGANG bildet sich, als Folge der Akkumulation von Buchenstreu, eine bis zu 2.6cm (Untersuchungsfläche 14) dicke, aus plattigen Lagen aufgebaute, Fermentationsschicht auf. Das Material ist grob zersetzt, die Zersetzung offenbar gestört. Diese O_F-Schichten begrenzen kranzförmig den äußeren Bereich der SCHUERZE und rechtfertigen somit die Abgrenzung einer eigenen Probenahmestelle. Im VERGLEICH werden nur wenige Millimeter dicke (im Mittel 0.3cm) O_F-Schichten aus durchweg gut zersetzter Streu gemessen. Die SCHUERZE weist ebenfalls nur dünne Lagen aus zersetztem Buchenlaub auf,

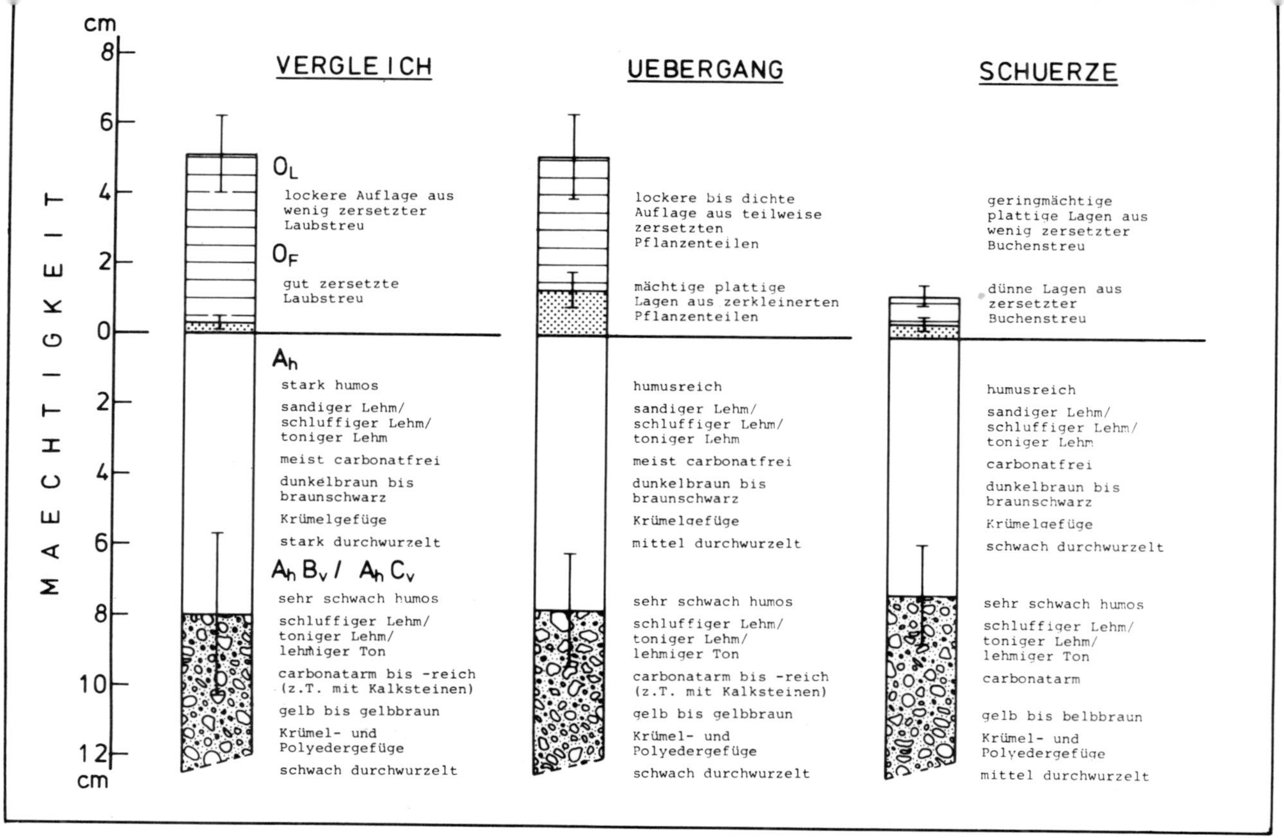

Abb. 4: Die mittleren Mächtigkeiten der organischen Auflagen und des Mineralbodens der drei Probenahmestellen mit einer kurzen Profilbeschreibung.

deren Mächtigkeit jedoch stark variiert. Sie beträgt an der Stammbasis nur wenige Millimeter, während in weiterer Entfernung deutlich dickere Fermentationslagen beobachtet werden, die im UEBERGANG maximale Werte erreichen.

Die mittleren Mächtigkeiten der A_h-Horizonte in den 14 untersuchten Kalk-Buchenwäldern nehmen in der Reihenfolge der Probenahmestellen VERGLEICH (8.0cm) – UEBERGANG (7.8cm) – SCHUERZE (7.3cm) zwar ab (Abb. 4), die Unterschiede zwischen den drei Probenahmestellen sind aber wegen der großen Streuung der Einzelwerte auf den Untersuchungsflächen nicht signifikant. Die Mächtigkeiten der A_h-Horizonte betragen auf den Untersuchungsflächen 2, 4, 8, 9, 13 und 14 im Mittel mehr als 8cm. Diese Böden stellen z.T. schon Übergänge zu Braunerde-Rendzinen dar, während es sich bei den Untersuchungsflächen 10 (4.2cm) und 12 (4.8cm) um äußerst flachgründige Rendzinen handelt. Die A_h-Horizonte sind im VERGLEICH bei Humusgehalten von 10 bis 15% sehr stark humos und stark durchwurzelt. Die anderen Probenahmestellen sind als Folge zurückgehender Feinwurzelanteile weniger stark durchwurzelt (UEBERGANG) bzw. nur noch schwach durchwurzelt (SCHUERZE). Die Humusanteile im UEBERGANG und in der SCHUERZE erreichen z.T. sehr hohe Werte. In der SCHUERZE konnten in etwa der Hälfte der Proben Humusgehalte von über 15% bestimmt werden. Diese Proben sind als humusreich zu bezeichnen (vgl. Kap. 3.1.2). In den A_h-Horizonten der Untersuchungsflächen wurden je nach Sand-, Schluff- und Tonanteilen anhand der Fingerprobe folgende Bodenarten bestimmt: schluffiger und toniger Lehm, sowie lehmiger Ton. Deutliche Unterschiede zwischen den drei Probenahmestellen wurden nicht festgestellt.

Die A_hB_v- bzw A_hC_v-Horizonte sind in den Böden der drei Probenahmestellen ähnlich ausgebildet (Abb. 4). Je nach Gründigkeit gehen sie auf den flachgründigen Rendzinen direkt in den C_v-Horizont (A_hC_v) über oder sind auf den mittelgründigen Braunerde-Rendzinen einige Decimeter mächtig (A_hB_v). Diese Horizonte sind häufig mit Kalksteinen durchsetzt, nur noch schwach humos und schwach durchwurzelt.

3.1.2. Kohlenstoff- und Stickstoffgehalte, organische Substanz und C/N-Verhältnisse

Die Probenahmestellen UEBERGANG und SCHUERZE weisen gegenüber dem VERGLEICH (im Mitel 8.7%) signifikant erhöhte Gehalte an organischem Kohlenstoff (C_{org}) auf (Abb. 5). Die Kohlenstoffgehalte liegen im UEBERGANG (im Mittel 11.4%) nicht signifikant über denen der SCHUERZE (11.2). Zwischen den Gesamt-Sickstoffgehalten der Böden der drei Probenahmestellen bestehen keine nachweisbaren Unterschiede. Die höchsten mittleren Gehalte werden im UEBERGANG mit 0.67% gemessen (Abb. 5).

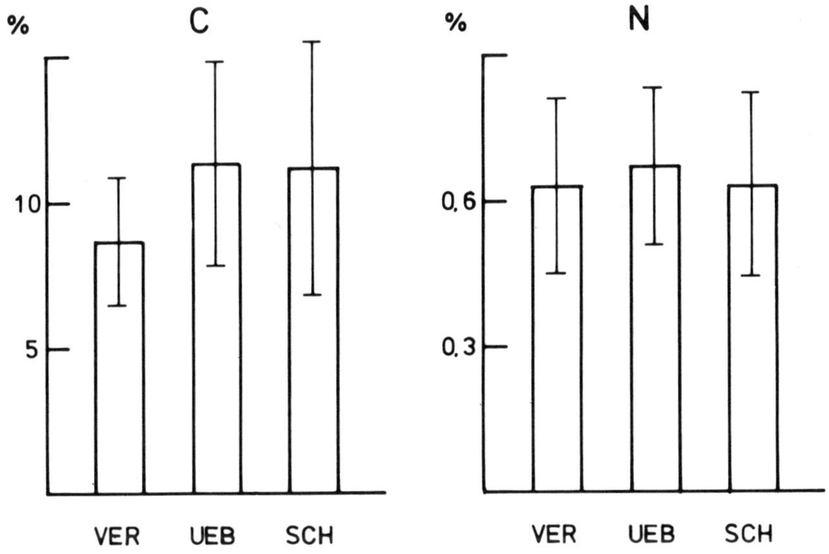

Abb. 5: Gesamt-Kohlenstoff und -Stickstoffgehalte (in % des Tockenbodens) in den Böden der drei Probenahmestellen.

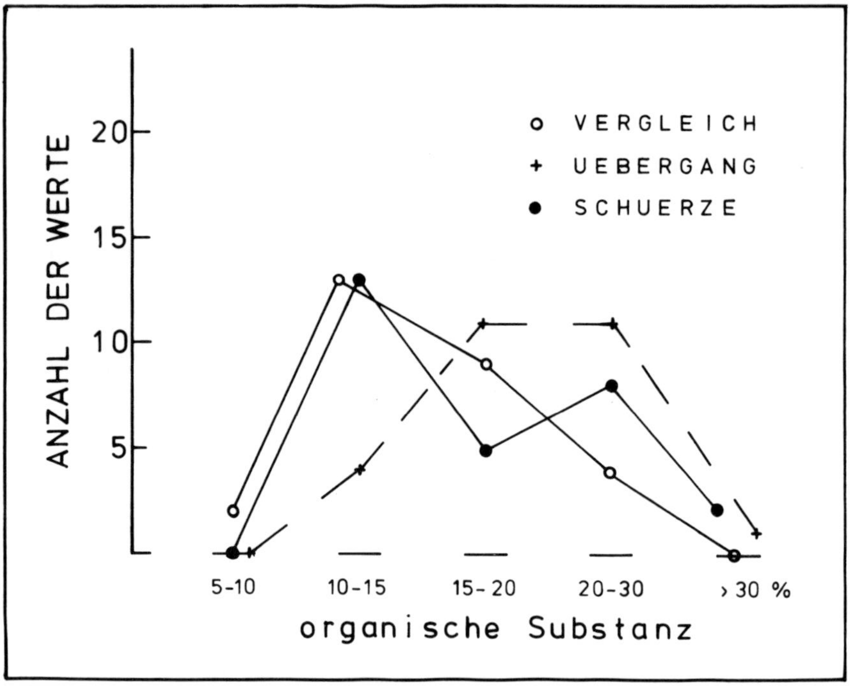

Abb. 6: Häufigkeitsverteilung der Gehalte an organischer Substanz über die von der ARBEITSGEMEINSCHAFT BODENKUNDE (1982) angegebenen Bereiche in den Böden der drei Probenahmestellen.

In Abb. 6 ist die Verteilung der Humusgehalte (organische Substanz) über die von der ARBEITSGEMEINSCHAFT BODENKUNDE (1982) angegebenen Bereiche dargestellt. Etwa die Hälfte der untersuchten Proben sind in VERGLEICH und SCHUERZE als sehr stark humos (Humus-Gehalte von 10 bis 15%) zu bezeichnen, während im UEBERGANG 78% der Proben schon als humusreich (Humus-Gehalte von 15 bis 30%) eingestuft werden und nur noch 18% stark humos sind. In der SCHUERZE werden in etwa einem Drittel der Proben ebenfalls sehr hohe Gehalte (über 20%) an organischer Substanz bestimmt. Dies deutet auf eine sehr inhomogene Verteilung von unterschiedlichen Humusgehalten hin. Trotz der im Mittel nur geringen Unterschiede zwischen den drei Probenahmestellen, weist der UEBERGANG als Folge einer gestörten Zersetzung der hier akkumulierten Buchenstreu, doch häufig höhere Humusgehalte auf.

Die C/N-Verhältnisse liegen entsprechend der Verteilung der C- und N-Gesamtgehalte im VERGLEICH (im Mittel 13.9) signifikant unter den Werten von UEBERGANG (16.9) und SCHUERZE (17.7), in denen sich unter dem Einfluß des Stammablaufwassers der Humuszustand deutlich verschlechtert hat. Die Verteilung der C/N-Verhältnisse über die von ZEZSCHWITZ (1968) vorgeschlagenen Bereiche (Abb. 7) zeigt, daß alle Proben im VERGLEICH bei C/N-Verhältnissen kleiner 17 (etwa 90% liegen unter 15) die Humusform Mull besitzen, während bei C/N-Verhältnissen von 17 bis 21 schon 43% der Proben aus dem UEBERGANG und 53% aus der SCHUERZE die Humusform mullartiger Moder aufweisen. Entsprechend der Verteilung der C- und N-Gesamtgehalte streuen die C/N-Verhältnisse in der SCHUERZE über einen weiten Bereich.

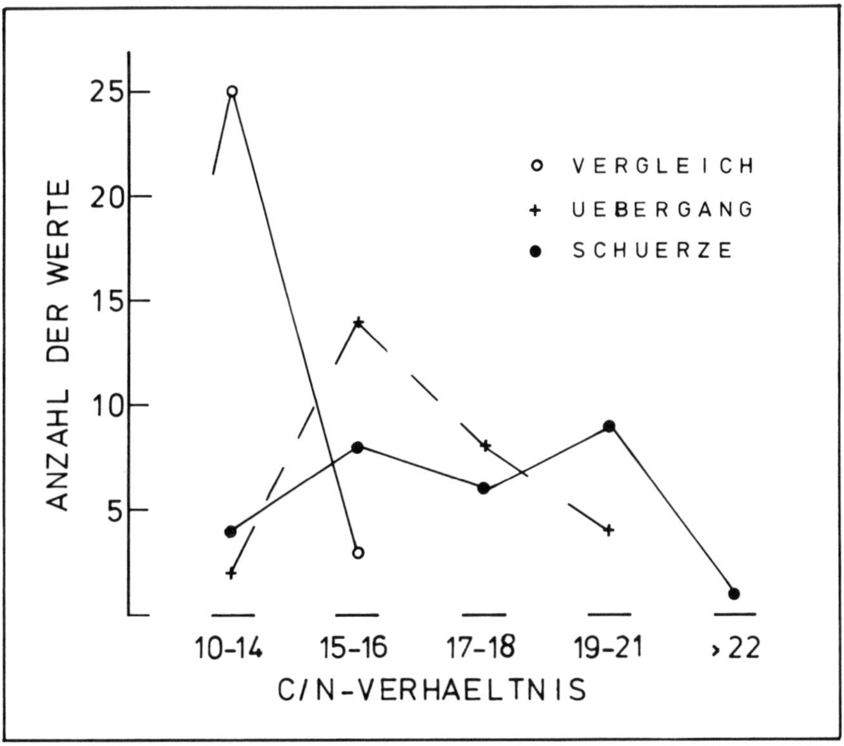

Abb. 7: Häufigkeitsverteilung der C/N-Verhältnisse über die von ZEZSCHWITZ (1968) angegebenen Bereiche in den Böden der drei Probenahmestellen.

3.1.3. pH-Werte und Pufferbereiche

Böden lassen sich anhand ihrer pH(H_2O)-Werte den Pufferbereichen zuordnen, in denen sie sich zur Zeit der Messung befinden (MEIWES et al. 1984). Die pH-Werte werden durch die im Boden vorhandenen wasserlöslichen Säuren oder Basen bestimmt. Der ökologische Aussagewert der pH-Wert-Messung liegt in der Zuordnung zum chemischen Bodenzustand und zu den mobilisierbaren Nährstoffvorräten. Durch Salzzusatz (z.B. $CaCl_2$) können Kationensäuren (Al, Mn, Fe) ausgetauscht werden und in die Bodenlösung gelangen. Je nach Konzentration und Stärke der Kationensäuren und organischen Säuren stellt sich gewöhnlich ein gegenüber dem pH(H_2O)-Wert niedrigerer pH(Salz)-Wert ein. Dieser pH-Wert deutet darauf hin, daß unter bestimmten Bedingungen irgendwann vor der Probenahme in einem Versauerungsschub ein tieferer pH-Wert erreicht wurde.

In den gemäßigten Klimazonen werden Böden anhand ihrer wässrigen (H_2O oder GBL) pH-Werte nach ULRICH (1981) folgenden Pufferbereichen zugeordnet:

Carbonat-Pufferbereich (Carb)	pH: 6.2 - 8.3
Silikat-Pufferbereich (Si)	pH: 5.0 - 6.2
Austauscher-Pufferbereich (Aus)	pH: 4.2 - 5.0
Aluminium-Pufferbereich (Al)	pH: 3.8 - 4.2
Aluminium/Eisen-Pufferbereich (Al/Fe)	pH: 3.0 - 3.8
Eisen-Pufferbereich (Fe)	pH: 2.4 - 3.0

Diese Einteilung führt zu einer ökologischen Gruppierung von Böden, da der pH-Wert die Löslichkeit und Verfügbarkeit von basischen Kationen, Kationensäuren und Schwermetallen beeinflußt.

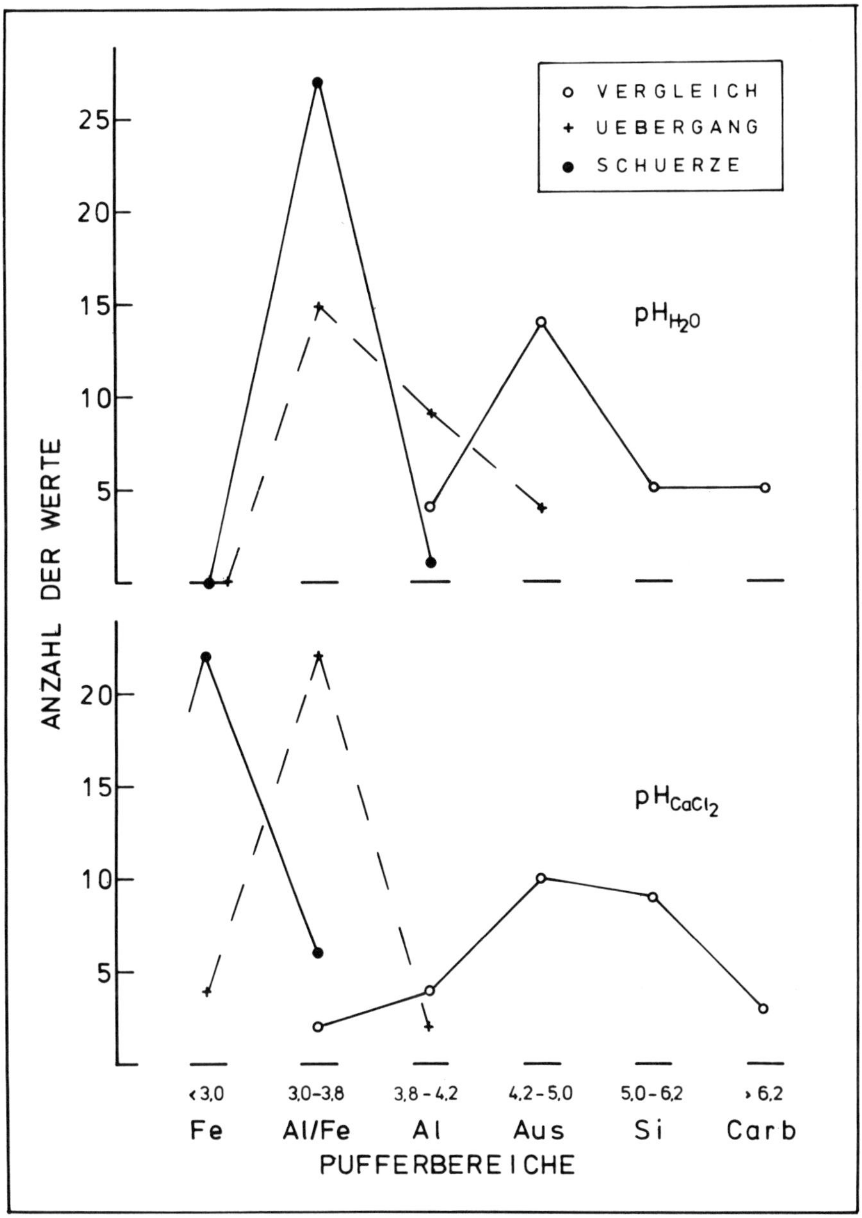

Abb. 8: Häufigkeitsverteilung der pH(H_2O)- und pH($CaCl_2$)-Werte über die von ULRICH (1981) angegebenen Pufferbereiche in den Böden der drei Probenahmestellen.

Die Böden der drei Probenahmestellen lassen sich nach ihren $pH(H_2O)$-Werten folgenden Pufferbereichen zuordnen (Abb. 8):

SCHUERZE:	Al/Fe (96% der Proben)
UEBERGANG:	Al/Fe und Al (86% der Proben)
VERGLEICH:	Aus und Si (68% der Proben)

Eine noch schärfere Abgrenzung zwischen den drei Probenahmestellen ergibt sich, wenn die Proben anhand ihrer $pH(CaCl_2)$-Werte den Pufferbereichen zugeordnet werden (Abb. 8):

SCHUERZE:	Fe (79% der Proben)
UEBERGANG:	Al/Fe (79% der Proben)
VERGLEICH:	Aus und Si (68% der Proben)

In der Gegenüberstellung der drei Probenahmestellen liegen stets hoch signifikante Unterschiede vor.

Zwischen den mittleren $pH(H_2O)$- und $pH(CaCl_2)$-Werten treten im UEBERGANG und in der SCHUERZE Differenzen von 0.6 und 0.7 pH-Einheiten auf, während im VERGLEICH nur geringe Unterschiede zwischen den beiden pH-Werten berechnet wurden. Es ist dabei zu berücksichtigen, daß die $pH(CaCl_2)$-Werte als Mittelwerte von je 5 Einzelmessungen angegeben sind, während die $pH(H_2O)$- und $pH(NH_4Cl)$-Werte (die zur Berechnung der austauschbaren H^+-Konzentration gemessen wurden) in Mischproben bestimmt wurden.

Auffallend ist die Verteilung der pH-Werte im VERGLEICH (Abb. 8): In den oberen 5cm des Mineralbodens wurden mittlere $pH(CaCl_2)$-Werte zwischen 3.6 (Untersuchungsfläche 14) und 7.1 (Untersuchungsfläche 1) gemessen. Bei gleichem geologischen Ausgangsmaterial und ähnlicher Bodenentwicklung (vgl. Kap. 3.1.1) ist die Entkalkung des Oberbodens und Verarmung an basischen Kationen in den Untersuchungsflächen offenbar nicht einheitlich verlaufen. Anhand der vorliegenden Untersuchungen kann auf mögliche Ursachen, wie unterschiedliche Säureeinträge oder Basenentzug durch Nutzung (Holzernte, Beweidung), wegen fehlender Untersuchungen nur hingewiesen werden.

3.1.4. Wasserlösliche Kationen und molare Al/Ca-, Fe/Ca-und H/Ca-Verhältnisse

Die bei der Mineralisierung der organischen Substanz und die durch Ionenaustausch freigesetzten Elemente gelangen in die Bodenlösung, deren Zusammensetzung z.T. beträchtlichen zeitlichen und räumlichen Schwankungen unterliegt. Mit sinkendem pH-Wert des Bodens nimmt der Gehalt von Ca ab, während die Al-, Fe- und H-Gehalte in der Bodenlösung zunehmen (vgl. ULRICH et al. 1984).

Unter dem Einfluß des Stammablaufwassers nehmen die wasserlöslichen Ca-Gehalte im UEBERGANG auf etwa ein Drittel und in der SCHUERZE auf etwa ein Fünftel der Werte ab, die im VERGLEICH gemessen wurden (79.5ppm; Abb. 9). Aufgrund des erhöhten Säureeintrages steigen die Gehalte an Protonen in der Bodenlösung im UEBERGANG um den Faktor 5 und in der SCHUERZE um den Faktor 8 gegenüber den Gehalten im VERGLEICH (0.16ppm) an (Abb. 9). Die Unterschiede zwischen den Ca- und H-Gehalten in den Böden der drei Probenahmestellen sind jeweils hoch signifikant. Die höchsten wasserlöslichen Al- und Fe-Gehalte wurden jeweils im UEBERGANG mit 3.50ppm Al und 2.16ppm Fe gemessen (Abb. 9). Die Al-Werte nehmen in der SCHUERZE wieder um 60% und die Fe-Gehalte um 10% ab.

Anhand der molaren H/Ca-Verhältnisse (Abb. 10) lassen sich die drei Probenahmestellen deutlich voneinander abgrenzen. Alle untersuchten Proben der SCHUERZE weisen H/Ca-Verhältnisse über 1.0 (18% sogar über 5.0) auf. Demgegenüber liegen die H/Ca-Verhältnisse im VERGLEICH stets unter 1.0. Die Werte im UEBERGANG streuen sehr stark. 62% der Proben weisen Werte von über 1.0 und 25% von unter 0.5 auf. Zwischen den drei Probenahmestellen bestehen stets hoch signifikante Unterschiede.

Die molaren Fe/Ca-Verhältnisse (Abb. 11) erlauben ebenfalls eine Differenzierung der drei Probenahmestellen. 96% der Werte liegen in der SCHUERZE über 0.05, während alle Werte im VERGLEICH unter 0.05 liegen. Zwischen UEBERGANG und SCHUERZE ist nur ein schwach signifikanter Anstieg der Werte zu beobachten.

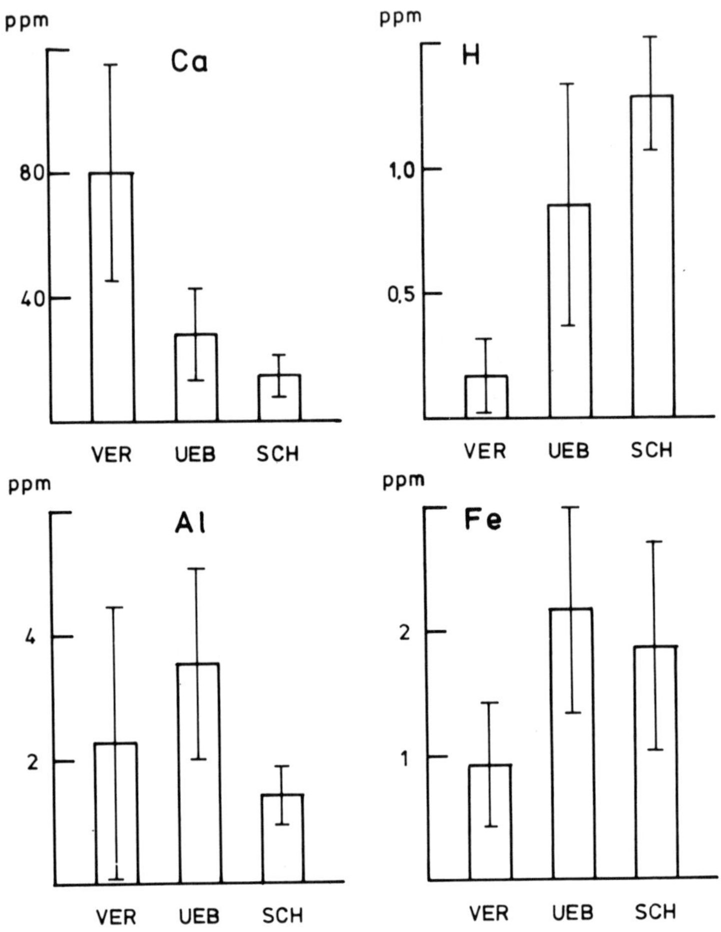

Abb. 9: Wasserlösliche Gehalte (in ppm) einiger Kationen in den Böden der drei Probenahmestellen.

Abb.10 bis 12: Häufigkeitsverteilung der molaren H/Ca-, Fe/Ca- und Al/Ca-Verhältnisse über verschiedene Bereiche in den Böden der drei Probenahmestellen.

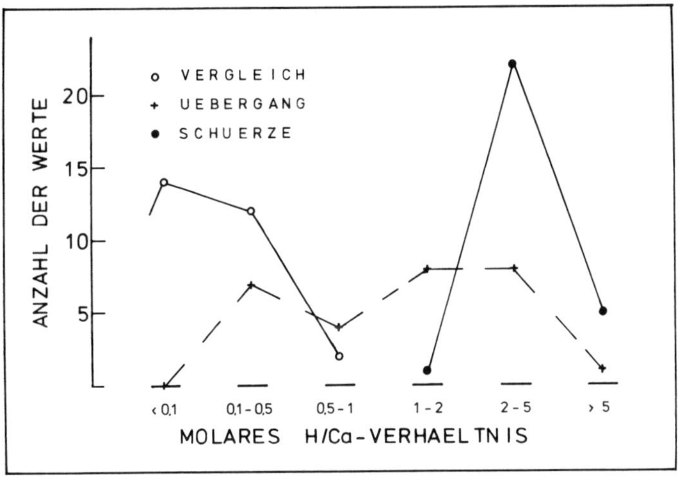
ANZAHL DER WERTE
20
15
10
5
o VERGLEICH
+ UEBERGANG
• SCHUERZE
‹ 0,1
0,1 - 0,5
0,5 - 1
1 - 2
2 - 5
› 5
MOLARES H/Ca-VERHAELTNIS

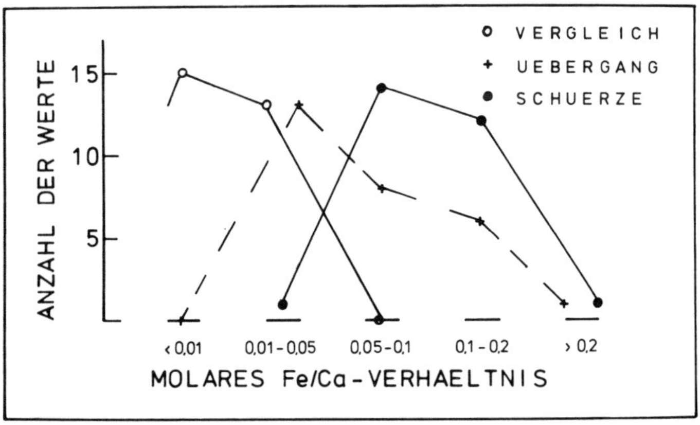
ANZAHL DER WERTE
15
10
5
o VERGLEICH
+ UEBERGANG
• SCHUERZE
‹ 0,01
0,01 - 0,05
0,05 - 0,1
0,1 - 0,2
› 0,2
MOLARES Fe/Ca-VERHAELTNIS

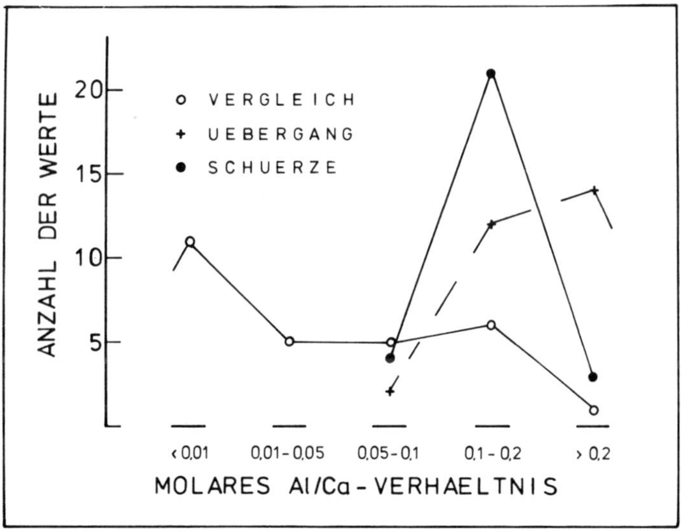
ANZAHL DER WERTE
20
15
10
5
o VERGLEICH
+ UEBERGANG
• SCHUERZE
‹ 0,01
0,01 - 0,05
0,05 - 0,1
0,1 - 0,2
› 0,2
MOLARES Al/Ca-VERHAELTNIS

Die Al/Ca-Verhältnisse (Abb. 12) im VERGLEICH sind, wie die pH-Werte, ziemlich weit gestreut; die meisten Proben (57%) weisen aber Werte unter 0.05 auf. Demgegenüber liegt das Maximum der Werte (75%) in der SCHUERZE zwischen 0.1 und 0.2, während im UEBERGANG die signifikant höchsten Al/Ca-Verhältnisse (50% über 0.2) bestimmt wurden. Ein molares Al/Ca-Verhältnis über 0.5 wird aber nie erreicht.

3.1.5. Austauschbare Kationen

In ökologischer Sicht stellen die austauschbaren Kationen den mobilisierbaren Kationenvorrat im Boden dar; sie schließen bei der angewandten NH_4Cl-Extraktion die wasserlöslichen Kationen ein.

Ein Vergleich der drei Probenahmestellen untereinander (Abb. 13) veranschaulicht, daß unter dem Einfluß des Stammablaufwassers einige Kationen aus den Buchenschürzen ausgewaschen und andere dort angereichert werden. Im einzelnen ergibt sich bei einer Gegenüberstellung der drei Probenahmestellen folgendes Bild, wobei nur signifikante Unterschiede berücksichtigt werden:

Im UEBERGANG, der sich überwiegend im Al/Fe-Pufferbereich befindet, werden die basischen Kationen Ca und Mg ausgewaschen. Gleichzeitig werden dort hohe Al^{3+}-, Fe^{3+}-, H^+- und Pb^{2+}-Konzentrationen bestimmt. In der SCHUERZE, die sich bei $pH(CaCl_2)$-Werten unter 3.0 zeitweise schon im Fe-Pufferbereich befinden kann, sinkt neben den Ca^{2+}- und Mg^{2+}-Konzentrationen auch der Gehalt an Mn, Al und Zn deutlich ab, während gleichzeitig Fe^{3+}-, Pb^{2+}- und H^+-Ionen in höheren Konzentrationen in austauschbarer Form vorliegen. In der Gegenüberstellung der Probenahmestellen VERGLEICH und SCHUERZE kommt es zu einem Verlust von Ca^{2+}-, Mg^{2+}-, Mn^{2+}- und Zn^{2+}-Ionen und zur Anreicherung von Al^{3+}-, Fe^{3+}-, Pb^{2+}- und H^+-Ionen, während sich die austauschbaren K^+-Gehalte nur unwesentlich verändert haben.

Bemerkenswert ist der hohe Ca^{2+}-Verlust. Die SCHUERZE besitzt im Mittel nur noch 10% der Gehalte, die im VERGLEICH nachgewiesen wurden. Demgegenüber reichert sich Fe^{3+} um den Faktor 60, Pb^{2+} um das 12-fache und H^+ um den Faktor 9 an. Der UEBERGANG ist vor allem durch sehr hohe

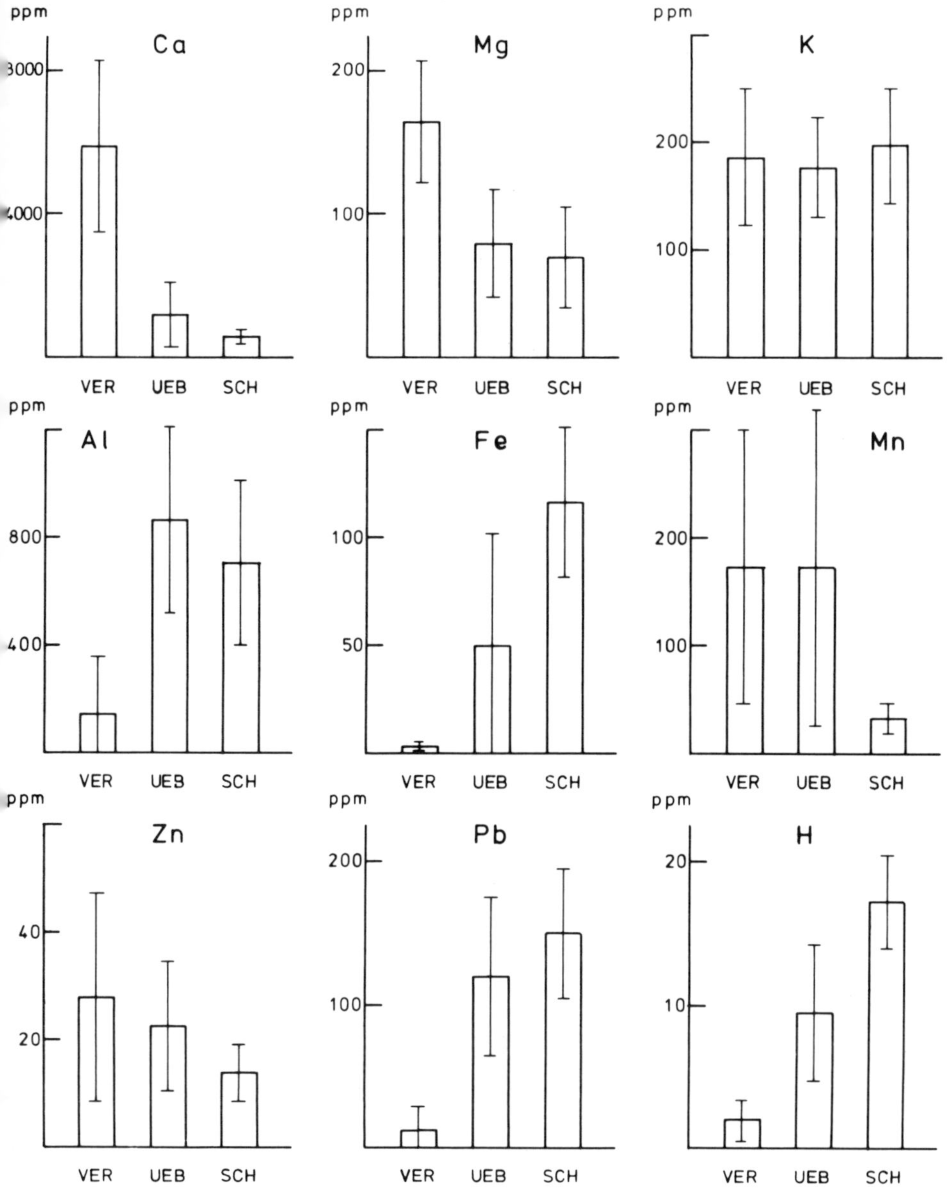

Abb.13: NH_4Cl-lösliche Gehalte (in ppm) einiger Kationen in den Böden der drei Probenahmestellen.

austauschbare Al^{3+}-Gehalte gekennzeichnet (Anreicherung um den Faktor 6 gegenüber dem VERGLEICH), die Ca^{2+}-Gehalte erreichen hier noch 20% der Werte aus dem VERGLEICH.

3.1.6. Austauschkapazität und Kationensättigung

Die effektive Austauschkapazität (AK_{eff}) der Böden gibt die Vorräte an austauschbaren Kationen eines Bodens an.

Der UEBERGANG weist eine gegenüber dem VERGLEICH (im Mittel 340 mval/1000g TB) um 45% verminderte AK_{eff} auf, in der SCHUERZE beträgt der Rückgang sogar 60%. 86% der Proben aus dem VERGLEICH besitzen eine AK_{eff} von über 200 mval/1000g TB, während die SCHUERZE in 86% der Proben eine AK_{eff} von unter 200 mval/1000g TB aufweist (Abb. 14).

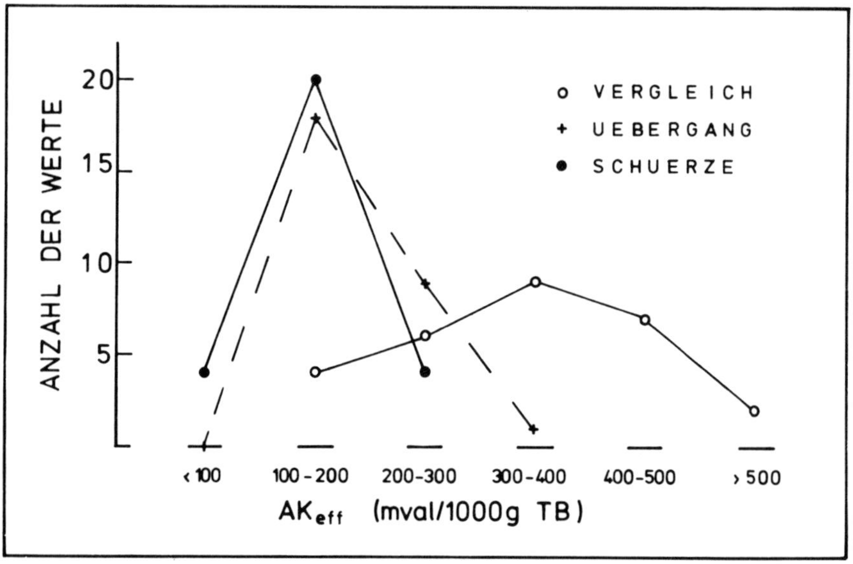

Abb.14: Häufigkeitsverteilung der effektiven Austauschkapazität (AK_{eff}) über verschiedene Bereiche in den Böden der drei Probenahmestellen.

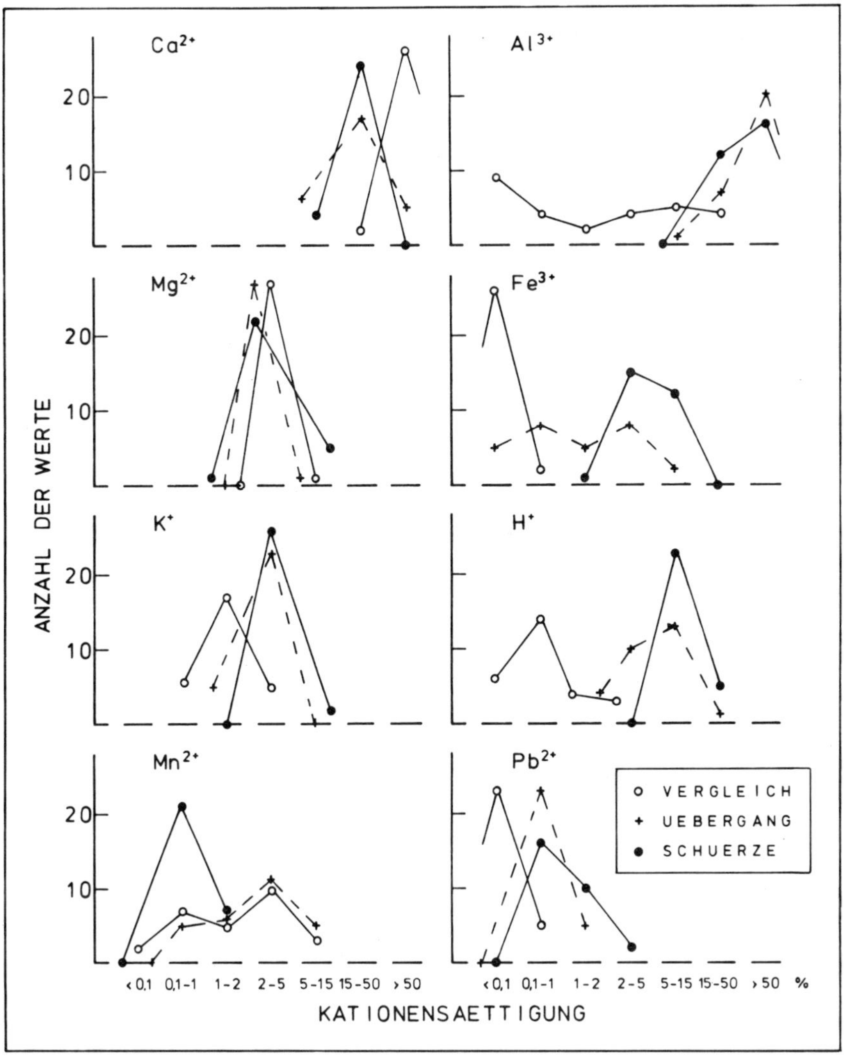

Abb.15: Häufigkeitsverteilung der Sättigung (in %) einiger Kationen über verschiedene Bereiche in den Böden der drei Probenahmestellen.

Zur Charakterisierung der Belegung der Kationenaustauscher in Böden wird die Sättigung der basischen Kationen, der Kationensäuren, der Schwermetalle und des Wasserstoffs herangezogen. Die Berechnung der Sättigungsanteile ist gegenüber der Angabe absoluter Kationengehalte wesentlich aussagekräftiger, da sie unterschiedliche AK_{eff}-Werte der Böden relativiert.

Die Ca-Sättigung liegt im VERGLEICH im Mittel bei 84%, der Anteil sinkt im UEBERGANG auf etwa 30% und erreicht in der SCHUERZE schließlich nur noch 21%. Der Sättigungsanteil des Al steigt demgegenüber von 7% im VERGLEICH auf Werte zwischen 52 und 53% in den Probenahmestellen UEBERGANG und SCHUERZE. Bemerkenswert hoch ist der Anstieg der H-Sättigung von 0.7% im VERGLEICH auf 12.5% in der SCHUERZE und der Fe-Sättigung von unter 0.1% im VERGLEICH auf 4.7% in der SCHUERZE.

Anhand der Verteilung der H- und Fe-Sättigungsanteile über verschiedene Sättigungsklassen (Abb. 15) lassen sich die drei Probenahmestellen deutlich voneinander differenzieren. Der VERGLEICH weist die höchsten Ca- und Mg- und die niedrigsten K-, Al-, Fe-, H- und Pb-Sättigungsanteile auf. Der UEBERGANG ist vor allem durch die höchsten Al- und Mn-Anteile gekennzeichnet, während die SCHUERZE die niedrigsten Ca- und Mn- und die höchsten K-, Fe-, H- und Pb-Anteile aufweist.

3.1.7. EDTA-lösliche Schwermetalle und Schwermetall-Gesamtgehalte

Mit der EDTA-Extraktion werden sowohl die komplex gebundenen als auch die austauschbaren (NH_4Cl-extrahierbaren) Schwermetallanteile erfaßt.

Die in dieser Arbeit untersuchten EDTA-löslichen Schwermetalle Fe, Mn, Pb und Zn sind in den Böden der drei Probenahmestelle unterschiedlich verteilt. Die EDTA-löslichen Fe-Gehalte in der SCHUERZE liegen im Mittel um das 4-fache über den Werten aus dem VERGLEICH (1140ppm; Abb. 16). Die Mn- und Zn-Gehalte erreichen demgegenüber in der SCHUERZE nur noch geringe Werte (Mn 30% und Zn 16% der Gehalte aus dem VERGLEICH). Die höchsten EDTA-löslichen Pb-Gehalte finden sich im UEBERGANG (im Mittel 328ppm), in dem auch die höchsten Gehalte an organischer Substanz (19.7%) bestimmt wurden.

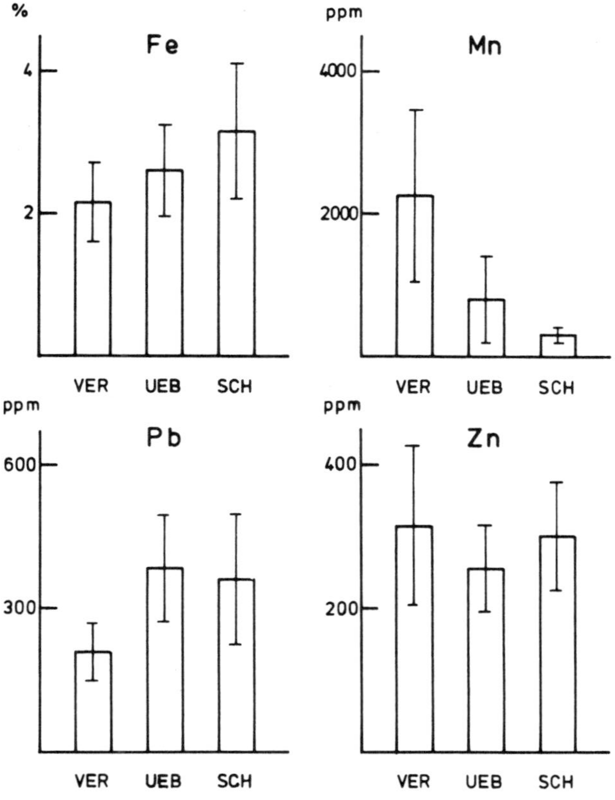

Abb.16: EDTA-lösliche Gehalte (in ppm) einiger Schwermetalle in den Böden der drei Probenahmestellen.

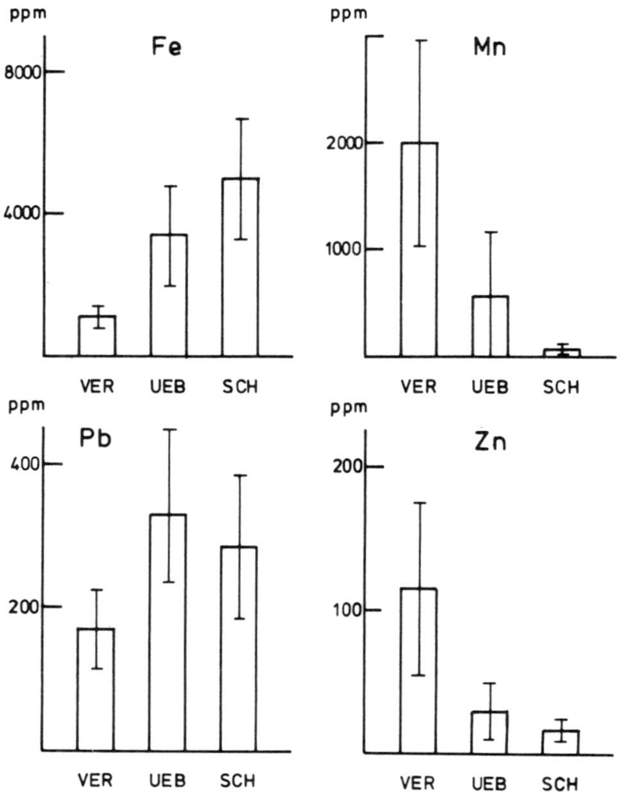

Abb.17: Gesamt-Gehalte (in % des Trockenbodens oder ppm) einiger Schwermetalle in den Böden der drei Probenahmestellen.

Die Fe-Gesamtgehalte liegen in der SCHUERZE, im direkten Einflußbereich des Stammablaufwassers, um etwa 50% über den Werten aus dem VERGLEICH (21500ppm = 2.15%; Abb. 17). Demgegenüber nehmen die Mn-Gesamtgehalte auf 14% der Werte aus dem VERGLEICH (2250ppm) ab. Die höchsten Pb-Gehalte (80% mehr als im VERGLEICH) finden sich ebenfalls im UEBERGANG (383ppm), während dort mit 254ppm die niedrigsten Zn-Werte (20% Verlust gegenüber dem VERGLEICH) auftreten. In der SCHUERZE werden gegenüber dem UEBERGANG 5% weniger Pb und 20% mehr Zn gemessen, die Unterschiede sind hier jedoch nicht signifikant.

3.1.8. Bindungsformen der Schwermetalle

Die austauschbaren und komplex gebundenen Anteile der vier Schwermetalle Fe, Mn, Pb und Zn ändern sich unter dem Einfluß des Stammablaufwassers in ganz unterschiedlicher Weise. Komplex gebunden ist immer nur der Anteil, der sich aus der Differenz zwischen der EDTA- und NH_4Cl-Extraktion berechnen läßt (Tab. 5).

Das leicht mobile Element Mangan wird in ganz erheblichen Mengen unter dem Einfluß des Stammablaufwassers ausgewaschen. Bereits im UEBERGANG nimmt der austauschbare Anteil am Gesamtgehalt um das 3-fache zu. In der SCHUERZE, die nur noch 14% der Gesamtgehalte aus dem VERGLEICH aufweist, wird Mn bei niedrigen pH-Werten nur noch in geringen Anteilen (10%) organisch gebunden, während weitere 10% austauschbar gebunden vorliegen.

Die Zink-Gesamtgehalte nehmen im UEBERGANG zwar leicht ab, erreichen in der SCHUERZE aber fast wieder die Gehalte aus dem VERGLEICH. Die organisch gebundenen (von 27 auf 1.4%) und die austauschbaren Anteile (von 8.8 auf 4.7%) sinken dagegen sowohl im UEBERGANG als auch in der SCHUERZE deutlich ab.

Blei wird in erheblichen Mengen in den Böden der Probenahmestellen UEBERGANG und SCHUERZE akkumuliert. Dies ist in erster Linie auf die hohe Bindungsfähigkeit des Bleis an die organische Substanz zurückzuführen. Zwischen den EDTA-löslichen Pb-Gehalten und dem Gehalt an organischer

Tab. 5: Angabe der NH_4Cl- und EDTA-löslichen, sowie der Gesamtgehalte (in ppm) einiger Schwermetalle und Angabe der prozentualen Anteile der NH_4Cl- und EDTA-löslichen Gehalte an den Gesamtgehalten. Außerdem sind die mittleren Gehalte an organischen Substanz und die $pH(CaCl_2)$-Werte in den Böden der drei Probenahmestellen angegeben.

	Schwermetall	Gehalte in mg/1000g TB			%-Anteile	
		Gesamt	EDTA	NH_4Cl	EDTA	NH_4Cl
VERGLEICH	Fe	21500	1140	2	5.3	0.01
	Mn	2250	1980	172	88.0	7.6
	Zn	317	114	28	36.0	8.8
	Pb	212	172	13	81.1	6.1
	organische Substanz: 15.0%					
	$pH(CaCl_2)$-Wert: 4.4					
UEBERGANG	Fe	25900	3360	51	13.0	0.20
	Mn	774	556	172	71.8	22.2
	Zn	254	31	22	12.2	8.7
	Pb	383	328	119	85.6	31.1
	organische Substanz: 19.7%					
	$pH(CaCl_2)$-Wert: 3.2					
SCHUERZE	Fe	31400	5010	117	16.0	0.37
	Mn	319	66	33	20.7	10.3
	Zn	297	18	14	6.1	4.7
	Pb	363	283	151	78.0	41.6
	organische Substanz: 19.3%					
	$pH(CaCl_2)$-Wert: 2.9					

Substanz wurde eine enge Korrelation (r=+0.73, P=0.1%) berechnet. Während dieses Element im VERGLEICH noch zu 75% in komplex gebundener Form vorliegt, verringert sich der Anteil in der SCHUERZE auf 36%. Gleichzeitig nimmt als Folge der niedrigen pH-Werte der austauschbare Pb-Anteil von 6.1% (VERGLEICH) auf etwa 42% (SCHUERZE) zu. Die $pH(CaCl_2)$-Werte weisen eine enge Korrelation (r=-0.82, P=0.1%) zu den austauschbaren Pb-

Gehalten auf. Die etwas geringeren Pb-Gesamtgehalte in der SCHUERZE deuten schon auf die Auswaschung leicht mobiler Pb-Anteile hin.

Eisen reichert sich ebenfalls in großen Mengen in der SCHUERZE an. Zwar sind dort die prozentualen Anteile der organisch und austauschbar gebundenen Form im Verhältnis zu den anderen Schwermetallen noch gering, doch nehmen die organisch gebundenen Anteile in der SCHUERZE um den Faktor 3 und die austauschbaren Anteile sogar um den Faktor 40 zu. Ähnlich wie beim Pb besteht auch bei den austauschbaren Fe-Gehalten eine sehr enge Korrelation ($r=-0.91$, $P=0.1\%$) mit dem pH($CaCl_2$)-Wert des Bodens.

3.2. Vegetation

3.2.1. Allgemeines

Neben den pflanzensoziologischen Aufnahmen (Tab. 3) wurden für die vegetationskundlichen Untersuchungen die drei Probenahmestellen VERGLEICH, UEBERGANG und SCHUERZE in den 14 Untersuchungsflächen aufgenommen. Für die weitere Auswertung werden ausschließlich Arten aus der Krautschicht herangezogen. Der Jungwuchs der Baumarten und die Keimlinge aller Gehölzarten werden nicht berücksichtigt, da der Jungwuchs in den lichtarmen Buchenwäldern häufig nur wenige Vegetationsperioden überlebt und die meisten Keimlinge schon nach wenigen Monaten absterben. Außerdem sind für sie die Zeigerwerte nach ELLENBERG (1979) nicht anwendbar, da diese nur für ausgewachsene Bäume gelten.

Von den insgesamt in den 14 Untersuchungsflächen vorkommenden 62 verschiedenen Arten der Krautschicht (Tab. 3) wurden 48 (=77%) auch in den Aufnahmen der Probenahmestelle VERGLEICH gefunden. Die 14 dort nicht vorkommenden Arten treten in den untersuchten Beständen alle mit geringer Stetigkeit und geringem Deckungsgrad (+) auf. Davon werden 7 Arten pflanzensoziologisch als Fagetalia Ordnungs- bzw. Querco Fagetea Klassen-Charakterarten und 7 als Begleiter beschrieben, wobei Dactylis polygama, die in 3 Untersuchungsflächen auftritt, auch eine Differentialart des grasreichen Kalk-Buchenwaldes ist.

Mit der Aufnahme der 20 jeweils $1m^2$ großen Probeflächen VERGLEICH wird das für die Krautschicht von Wäldern angegebene Minimumareal von $50\text{-}200m^2$ (vgl. MUELLER-DOMBOIS & ELLENBERG 1974) nicht erreicht. Es konnte jedoch nachgewiesen werden, daß mit der gewählten Aufnahmemethode die Dominanzverhältnisse der gesamten Untersuchungsfläche erfaßt werden und sich auch die mittleren Reaktionszahlen beider Aufnahmemethoden, trotz unterschiedlicher Artenanzahl, nicht signifikant voneinander unterscheiden (NEITE in Vorb.).

Voruntersuchungen ergaben, daß mit der Aufnahme von nur 10 Probeflächen die Dominanzverhältnisse der gesamten Untersuchungsfläche nicht erfaßt werden. Daher wurden auf jeder Untersuchungsfläche 20 Probeflächen als VERGLEICH aufgenommen. Daneben wurden, bedingt durch die Auswahl der 10 Probebäume, jeweils 10 Probeflächen als UEBERGANG bzw. SCHUERZE aufgenommen. Wegen der ungleichen Anzahl von Aufnahmeflächen auf den drei Probenahmestellen wurde zunächst das Verhältnis aus der Summe der Vorkommen einer Art zu der Gesamtzahl der Aufnahmen als relative Frequenz (vgl. KREEB 1983) dieser Art angegeben (Tab. 22 bis 35 im Anhang). Eine Art, die im VERGLEICH (20 Aufnahmen) einmal vorkommt, besitzt hier eine Frequenz von 5%; kommt sie dagegen einmal in UEBERGANG oder SCHUERZE vor (je 10 Aufnahmen), weist sie dort eine Frequenz von 10% auf. Auf jeder Untersuchungsfläche werden im weiteren, getrennt für jede der drei Probenahmestellen, die Frequenzen aller Arten als Frequenzsumme zusammengefaßt (Kap. 3.2.2.; Tab. 7).

In einem zweiten Auswertungsgang werden, wieder getrennt für jede der drei Probenahmestellen, die Frequenzen jeder Art aus den 14 Untersuchungsflächen zusammengefaßt und auch hier als Frequenzsumme angegeben (Kap. 3.2.4.; Tab. 6). Als relative Häufigkeit (in %) wird schließlich die Frequenzsumme einer Art als Anteil an der Gesamtfrequenz aller Arten angegeben (Kap. 3.2.4.; Tab. 6).

Die Zeigerwerte (=Zeigerzahlen) nach ELLENBERG (1979) der mitteleuropäischen Gefäßpflanzen beziehen sich immer auf das ökologische Optimum der Arten, d.h. nach ELLENBERG (1953) auf die Standortsansprüche unter den in der Vegetation gegebenen Konkurrenzverhältnissen. Unter diesen Bedingungen sollte in ungestörten Pflanzenbeständen eine Normalverteilung der Arten über die jeweilige Zeigerwert-Ordinalskala vorliegen.

In den Buchenschürzen der untersuchten Kalk-Buchenwälder treten, wie in den vorangehenden Kapiteln nachgewiesen wurde, veränderte Standortsverhältnisse (u.a. niedrige pH-Werte, ungünstige Humusverhältnisse) auf. Daher werden die Verteilungen der Reaktions- und Stickstoffzahlen zwischen den Probenahmestellen miteinander verglichen (Kap. 3.2.3., Abb. 18). Außerdem werden die Feuchtezahlen bei der weiteren Auswertung mit berücksichtigt, da, aufgrund des hohen Wassereintrages in die Stammfußbereiche, dort Arten mit hoher Feuchtezahl auftreten könnten. Diese Erwartung konnte JOCHHEIM (1985) in seinen Untersuchungen nicht bestätigen. Schließlich wird überprüft, ob sich die veränderten Standorts- und Konkurrenzverhältnisse in den Buchenschürzen auch anhand einer Verschiebeung im Lebensformen-Spektrum der Arten nachweisen lassen (Kap. 3.2.3.; Abb. 19).

Die Lichtzahlen, die auf der Schattentoleranz der Arten basieren, werden in der vorliegenden Untersuchung nicht berücksichtigt, da ihre Anwendung in den insgesamt lichtarmen Buchenwäldern und bei mehr oder weniger ähnlichen Lichtverhältnissen auf den drei Probenahmestellen wenig aussagekräftig ist. Auch JOCHHEIM (1985) konnte, obwohl er in Stammnähe eine verminderte Strahlung annimmt, keine Veränderung der Lichtzahl gegenüber der Bestandesmitte feststellen. Auf die Probleme, die bei der Bewertung der Temperatur- und Kontinentalitätszahlen auftreten, weisen BÖKER et al. (1983) hin. Sie sind so großräumig angelegt, daß eine Anwendung bei der vorliegenden Untersuchung kleinräumiger Probeflächen nicht sinnvoll erscheint.

3.2.2. Artenzahlen und Frequenzsummen

Insgesamt wurden auf den 14 Untersuchungsflächen 51 verschiedene Arten der Krautschicht gefunden (Tab. 6). Im VERGLEICH konnten 48 Arten notiert werden, während im UEBERGANG 33 Arten vorkommen. 16 Arten aus dem VERGLEICH fehlen dort, eine Art (Luzula luzuloides) tritt hier neu auf. In der SCHUERZE fehlen gegenüber dem UEBERGANG weitere 12 Arten, während zwei Arten aus dem VERGLEICH (Glechoma hederacea und Dryopteris dilatata) hier wieder vorkommen und zwei weitere Arten (Avenella flexuosa und Maianthemum bifolium) neu auftreten. Insgesamt werden in der SCHUERZE somit 25 Arten notiert. In der SCHUERZE finden sich abzüglich der drei Neuzugänge 46% und im UEBERGANG abzüglich eines Neuzugangs noch 67% der Arten aus dem VERGLEICH wieder.

Auf den Untersuchungsflächen weisen die drei Probenahmestellen deutliche Unterschiede in der mittleren Artenzahl auf (Tab. 7). Im VERGLEICH wurden mit 6 bis 20 Arten (im Mittel 13.6) signifikant mehr Arten als im UEBERGANG (3 bis 14; im Mittel 7.2) und in der SCHUERZE (1 bis 9; im Mittel 4.5) gefunden. Ohne die Neuzugänge finden sich im Mittel im UEBERGANG noch 50% und in der SCHUERZE 26% der Arten aus dem VERGLEICH wieder. Mit Ausnahme der Flächen 11 und 12 werden in der

Tab. 6: Liste aller vorkommenden Arten der Krautschicht. Angabe der Reaktions(R)-, Stickstoff(N)- und Feuchte(F)-Zahlen, der Lebensformen(Lf), der Frequenzsumme(Σ) und der relativen Häufigkeit aller Arten. A-F: Gruppierung der Arten nach ihrem Vorkommen auf den drei Probenahmestellen.

	Artname	R	N	F	Lf	Frequenz(Σ) VER	UEB	SCH	rel. Häufigkeit VER	UEB	SCH
A	Hordelymus europaeus	7	6	5	H	105			1.9		
	Circaea lutetiana	7	7	6	G	55			1.0		
	Lathyrus vernus	7	X	4	G	45			0.8		
	Campanula trachelium	8	8	5	H	35			0.6		
	Athyrium filix-femina	X	6	7	H	15			0.3		
	Hepatica nobilis	7	4	4	H	15			0.3		
	Stachys sylvatica	7	7	7	H	10			0.2		
	Atropa bella-donna	8	8	5	H	5			0.1		
	Bromus benekenii	8	5	5	H	5			0.1		
	Dryopteris filix-mas	5	6	5	H	5			0.1		
	Epilobium montanum	6	6	5	H	5			0.1		
	Galium aparine	6	8	X	T	5			0.1		
	Hieracium sylvaticum	5	4	5	H	5			0.1		
	Scrophularia nodosa	6	7	6	H	5			0.1		
B	Anemone ranunculoides	8	8	6	G	255	20		4.6	0.4	
	Corydalis cava	8	8	6	G	155	80		2.8	2.4	
	Arum maculatum	7	8	7	G	120	10		2.2	0.2	
	Geranium robertianum	X	7	X	H	55	10		1.0	0.2	
	Urtica dioica	6	8	6	H	35	10		0.6	0.2	
	Ranunculus ficaria	7	7	7	G	20	10		0.4	0.2	
	Sanicula europaea	8	7	5	H	20	10		0.4	0.2	
	Carex sylvatica	7	5	5	H	15	40		0.3	1.2	
	Cynanchum vincetoxicum	7	3	3	H	10	10		0.2	0.2	
	Brachypodium sylvaticum	6	6	5	H	5	10		0.1	0.2	
	Festuca gigantea	6	6	7	H	5	10		0.1	0.2	
	Galeopsis tetrahit	X	7	5	T	5	10		0.1	0.2	
C	Melica uniflora	6	X	5	H	885	770	160	16.0	23.3	14.5
	Mercurialis perennis	7	7	X	G	785	610	100	14.2	18.5	9.1
	Galium odoratum	X	5	5	G	460	220	120	8.3	6.7	10.9
	Lamiastrum galeobdolon	7	5	5	Ch	440	250	40	8.0	7.6	3.6
	Anemone nemorosa	X	X	X	G	425	200	30	7.7	6.1	2.7
	Milium effusum	5	5	5	H	310	180	50	5.6	5.5	4.5
	Allium ursinum	7	8	6	G	230	140	30	4.2	4.2	2.7
	Vicia sepium	7	5	5	H	180	30	10	3.3	0.9	0.9
	Oxalis acetosella	4	7	6	H	145	160	140	2.6	4.8	12.7
	Alliaria petiolata	7	9	5	H	135	60	10	2.4	1.8	0.9
	Impatiens parviflora	X	6	5	T	100	130	50	1.8	3.9	4.5
	Viola reichenbachiana	7	6	5	H	100	50	10	1.8	1.5	0.9
	Poa nemoralis	5	3	5	H	65	60	40	1.2	1.8	3.6
	Mycelis muralis	X	6	5	H	60	30	10	1.1	0.9	0.9
	Polygonatum multiflorum	6	4	5	G	55	60	20	1.0	1.8	1.8
	Phyteuma spicatum	X	5	5	H	40	40	10	0.7	1.2	0.9
	Convallaria majalis	X	4	4	G	35	40	20	0.6	1.2	1.8
	Fragaria vesca	X	6	5	H	20	10	10	0.2	0.3	0.9
	Moehringia trinervia	6	7	5	T	15	10	20	0.3	0.3	1.8
	Dryopteris carthusiana	4	3	X	H	5	10	20	0.1	0.3	1.8
D	Glechoma hederacea	X	7	6	H	10		10	0.2		0.9
	Dryopteris dilatata	X	7	6	H	5		10	0.1		0.9
E	Luzula luzuloides	3	4	X	H		10	90		0.3	8.2
F	Avenella flexuosa	2	3	X	H			80			7.3
	Maianthemum bifolium	3	3	X	G			10			0.9

SCHUERZE immer weniger Arten notiert als in UEBERGANG und VERGLEICH. Auf der Fläche 5 treten in der SCHUERZE drei, auf der Fläche 12 sogar vier Arten auf, die in UEBERGANG und VERGLEICH nicht mehr gefunden wurden.

Auf den Untersuchungsflächen nimmt die mittlere Frequenzsumme aller Arten in der Reihenfolge der Probenahmestellen VERGLEICH - UEBERGANG - SCHUERZE ab (Tab. 7). Im UEBERGANG werden noch 60% und in der SCHUERZE nur noch 20% der mittleren Frequenzsumme, die im VERGLEICH mit 395 erreicht wurde, berechnet.

Tab. 7: Artenzahlen und Frequenzsummen(Σ) auf den drei Probenahmestellen der 14 Untersuchungsflächen (* Anzahl der neu aufgetretenen Arten).

Nr	Artenzahl VER	Artenzahl UEB	Artenzahl SCH	Frequenz(Σ) VER	Frequenz(Σ) UEB	Frequenz(Σ) SCH
01	16	10	5	540	350	100
02	9	7	1	325	190	10
03	20	14	3	675	470	30
04	19	7	5	460	250	60
05	19	10	***7	640	260	160
06	20	6	*4	515	170	120
07	16	6	5	415	250	90
08	8	*3	2	205	130	30
09	8	4	*3	260	180	40
10	9	**8	*4	320	260	80
11	15	*9	**9	340	260	180
12	14	6	****8	335	180	110
13	6	*4	*3	230	150	40
14	12	*7	*4	275	200	70
$\bar{x}$	13.6	7.2	4.5	395	236	80
s	5.0	2.9	2.2	150	89	50

3.2.3. Verteilung aller Arten über die Zeigerwerte und Lebensformen

Die Verteilung aller vorkommenden Arten über die Reaktions-, Stickstoff- und Feuchtezahlen ist in Abb. 18 dargestellt. Am häufigsten finden sich im VERGLEICH Arten mit R- und N-Werten von 7, sowie einem F-Wert von 5, also Schwachsäure- bis Schwachbasenzeiger, die niemals auf stark sauren Böden aber häufig auf stickstoffreichen und mittelfeuchten Böden auftreten. Die 6 Arten mit einem R-Wert von 8 fehlen alle in der SCHUERZE, während dort gleichzeitig die Säurezeiger Avenella flexuosa (R=2), Luzula luzuloides und Maianthemum bifolium (beide R=3) neu auftreten. Die auffällige Verschiebung in der Verteilung der Arten über die Reaktions-Zahlen zwischen den Probenahmestellen ist bei den N-Werten weniger deutlich ausgeprägt und bei den F-Werten gar nicht zu beobachten. Als Ursache hierfür wird die enge Korrelation zwischen den R- und N-Werten (r=+0.52, P=0.1%) angesehen, während zwischen den R- und F-Werten keine signifikanten Zusammenhänge berechnet werden konnten.

Von den 48 Arten aus dem VERGLEICH sind 12 (25%) Geophyten, 31 (65%) Hemikryptophyten, vier (8%) Therophyten und eine Art (Lamiastrum galeobdolon) wird den Chamaephyten zugeordnet (Abb. 19; Zuordnung der Lebensformen nach OBERDORFER 1983). Im UEBERGANG ergibt sich folgende Verteilung: 10 Geophyten (30%); 19 Hemikryptophyten (58%); drei Therophyten (9%) und ein Chamaephyt. In der SCHUERZE werden schließlich noch 7 Geophyten (28%), 15 Hemikryptophyten (60%), zwei Therophyten (8%) und weiterhin ein Chamaephyt notiert. Anhand der Verteilung der vorkommenden Arten über die Lebensformen lassen sich somit zwischen den drei Probenahmestellen keine Unterschiede erkennen.

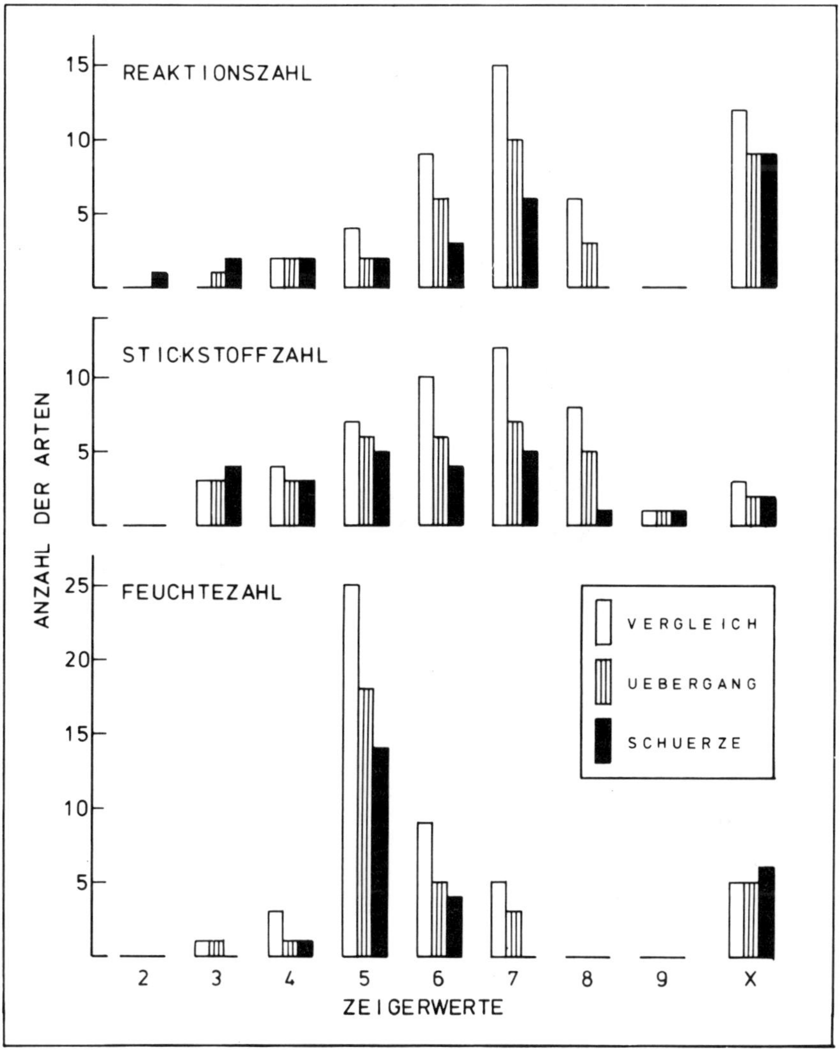

Abb.18: Häufigkeitsverteilung aller vorkommenden Arten der Krautschicht über die Reaktions-, Stickstoff- und Feuchtezahlen auf den drei Probenahmestellen.

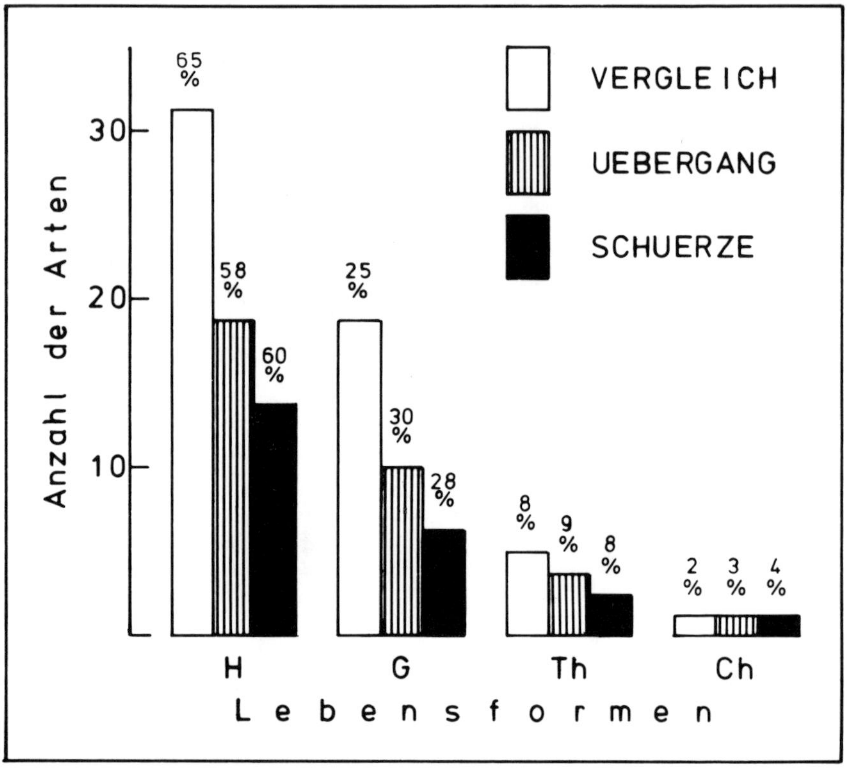

Abb.19: Häufigkeitsverteilung aller vorkommenden Arten der Krautschicht über die Lebensformen auf den drei Probenahmestellen. H: Hemikryptophyten; G: Geophyten; Th: Therophyten; Ch: Chamaephyten.

3.2.4. Frequenzsummen und relativen Häufigkeiten einzelner Arten

Von den 48 Arten aus dem VERGLEICH weisen 40 im UEBERGANG eine geringere Frequenzsumme auf (Tab. 6), bzw. verschwinden völlig (14 Arten). Nur 10 Arten nehmen in ihrer Frequenzsumme zu bzw. treten neu auf (Luzula luzuloides).

Die 10 Arten mit höheren Frequenzsummen im UEBERGANG (Tab. 8) lassen sich anhand ihrer Zeigerwerte nicht eindeutig charakterisieren (R-Werte von

Tab. 8: Liste der Arten, die bei der Gegenüberstellung von zwei Probenahmestellen mit höherer Frequenzsumme vorkommen. Angegeben sind die Reaktions(R)-, Stickstoff(N)- und Feuchte(F)-Zahlen, die Lebensformen (Lf), sowie die Differenz der Frequenzsummen(ΔF) dieser Arten.

ZUNAHME					
Artname	R	N	F	Lf	ΔF
VERGLEICH - UEBERGANG					
Impatiens parviflora	X	6	5	T	30
Carex sylvatica	7	5	5	H	25
Oxalis acetosella	4	7	6	H	15
Luzula luzuloides	3	4	X	H	10
Brachypodium sylvaticum	6	6	5	H	5
Festuca gigantea	6	6	7	H	5
Galeopsis tetrahit	X	7	5	T	5
Polygonatum multiflorum	6	4	5	G	5
Dryopteris carthusiana	4	3	X	H	5
Convallaria majalis	X	4	4	G	5
UEBERGANG - SCHUERZE					
Avenella flexuosa	2	3	X	H	80
Luzula luzuloides	3	4	X	H	80
Dryopteris dilatata	X	7	6	H	10
Glechoma hederacea	X	7	6	H	10
Maianthemum bifolium	3	3	X	G	10
Moehringia trinervia	6	7	5	T	10
Dryopteris carthusiana	4	3	X	H	10
VERGLEICH - SCHUERZE					
Luzula luzuloides	3	4	X	H	90
Avenella flexuosa	2	3	X	H	80
Dryopteris carthusiana	4	3	X	H	15
Maianthemum bifolium	3	3	X	G	10
Dryopteris dilatata	X	7	6	H	5
Moehringia trinervia	6	7	5	T	5

3-7; N-Werte von 3-7; F-Werte von 4-7). Auffallend ist das gehäufte Vorkommen von Hemikryptophyten, sowie die deutliche Zunahme der Frequenzsumme des Therophyten Impatiens parviflora. In der SCHUERZE treten gegenüber dem UEBERGANG 7 Arten mit höherer Frequenzsumme auf. Auffällig ist der hohe Anteil der Arten mit R-Werten zwischen 2 und 4, während die N- und F-Werte sehr uneinheitlich sind. Ein ähnliches Bild ergibt sich bei der Gegenüberstellung der Probenahmestellen VERGLEICH und SCHUERZE. Neben vier Hemikryptophyten mit R-Werten zwischen 2 und 4 werden in der SCHUERZE noch der Geophyt Maianthemum bifolium (R=3) und der Therophyt Moehringia trinervia mit höherer Frequenzsumme notiert. drei Arten mit einem N-Wert von 3 stehen zwei Arten mit einem N-Wert von 7 gegenüber. Die vier Arten mit der höchsten Frequenzzunahme sind bezüglich ihres F-Wertes indifferent.

Der Vergleich der Frequenzsummen einzelner Arten zwischen den Probenahmestellen berücksichtigt nicht, daß die Gesamtfrequenz aller Arten im UEBERGANG noch 60% und in der SCHUERZE nur noch 20% des Wertes aus dem VERGLEICH erreicht (vgl. Kap. 3.2.3.) und somit die relative Häufigkeit einer Art bei gleicher Frequenzsumme bezogen auf die Gesamtfrequenz aller Arten in UEBERGANG und SCHUERZE ansteigt. Eine geringfügige Abnahme der Frequenzsumme einer Art kann, auf die Gesamtfrequenz relativiert, zu einem Anstieg der relativen Häufigkeit dieser Art führen. Die relativen Häufigkeiten aller Arten sind in Tab. 6 angegeben. Im folgenden werden nur die Arten näher beschrieben, deren relative Häufigkeit sich in der Gegenüberstellung der Probenahmestellen um mindestens 1% verändert hat.

Insgesamt nimmt die relative Häufigkeit von 31 Arten im UEBERGANG gegenüber dem VERGLEICH ab. Unter den 7 Arten, die um mindestens 1% abnehmen (Tab. 9), dominieren Geophyten und Arten mit R-Werten von 7 und 8. 21 Arten nehmen in ihrer relativen Häufigkeit in der SCHUERZE gegenüber dem UEBERGANG ab. Die 8 Arten mit mindestens 1% Abnahme sind zur Hälfte Geophyten und Arten mit einem R-Wert von 7. 36 Arten aus dem VERGLEICH weisen in der SCHUERZE eine verringerte relative Häufigkeit auf. Die 14 Arten mit über 1% Veränderung sind zur Hälfte Geophyten und zu zwei Dritteln Arten mit R-Werten von 7 und 8.

Der Anteil der Geophyten liegt demgegenüber im VERGLEICH bei nur 25%, der Anteil der Arten mit R-Werten von 7 und 8 bei nur 50%. In der SCHUERZE nimmt der Anteil der Geophyten und Arten mit R-Werten von 7 und 8 in ihrer relativen Häufigkeit somit überproportional stark ab. Wegen der engen Korrelation zwischen R- und N-Werten, läßt sich eine ähnliche Aussage auch für Arten mit N-Werten über 6 treffen.

Tab. 9: Liste der Arten, die bei der Gegenüberstellung von zwei Probenahmestellen mit höherer oder niedrigerer relativer Häufigkeit vorkommen. Angegeben sind die Reaktions(R)-, Stickstoff(N)- und Feuchte(F)-Zahlen, die Lebensformen (Lf), sowie die Differenz der relativen Häufigkeiten (ΔrH) dieser Arten.

A B N A H M E						Z U N A H M E					
Artname	R	N	F	Lf	ΔrH	Artname	R	N	F	Lf	ΔrH
					V E R G L E I C H -	U E B E R G A N G					
Anemone ranunculoides	8	8	6	G	4.2	Melica uniflora	6	X	5	H	7.3
Vicia sepium	7	8	7	H	2.4	Mercurialis perennis	7	7	X	G	4.3
Arum maculatum	7	8	7	G	2.0	Oxalis acetosella	4	7	6	H	2.2
Hordelymus europaeus	7	6	5	H	1.9	Impatiens parviflora	X	6	5	T	2.1
Anemone nemorosa	X	X	X	G	1.6						
Galium odoratum	X	5	5	G	1.6						
Circaea lutetiana	7	7	6	G	1.0						
					U E B E R G A N G -	S C H U E R Z E					
Mercurialis perennis	7	7	X	G	9.4	Oxalis acetosella	4	7	6	H	7.9
Melica uniflora	6	X	5	H	8.8	Luzula luzuloides	3	4	X	H	7.9
Lamiastrum galeobdolon	7	5	5	Ch	4.0	Avenella flexuosa	2	3	X	H	7.3
Anemone nemorosa	X	X	X	G	3.4	Galium odoratum	X	5	5	G	4.2
Corydalis cava	8	8	6	G	2.4	Poa nemoralis	5	3	5	H	1.8
Allium ursinum	7	8	6	G	1.5	Moehringia trinervia	6	7	5	T	1.5
Carex sylvatica	7	5	5	H	1.2	Dryopteris carthusiana	4	3	X	H	1.5
Milium effusum	5	5	5	H	1.0						
					V E R G L E I C H -	S C H U E R Z E					
Mercurialis perennis	7	7	X	G	5.1	Oxalis acetosella	4	7	6	H	10.1
Anemone nemorosa	X	X	X	G	5.0	Luzula luzuloides	3	4	X	H	8.2
Anemone ranunculoides	8	8	6	G	4.6	Avenella flexuosa	2	3	X	H	7.3
Lamiastrum galeobdolon	7	5	5	Ch	4.4	Impatiens parviflora	X	6	5	T	2.7
Corydalis cava	8	8	6	G	2.8	Galium odoratum	X	5	5	G	2.6
Vicia sepium	7	5	5	H	2.4	Poa nemoralis	5	3	5	H	2.4
Arum maculatum	7	8	7	G	2.2	Dryopteris carthusiana	4	3	X	H	1.7
Hordelymus europaeus	7	6	5	H	1.9	Moehringia trinervia	6	7	5	T	1.5
Allium ursinum	7	8	6	G	1.5	Convallaria majalis	X	4	4	G	1.2
Alliaria petiolata	7	9	5	H	1.5						
Melica uniflora	6	X	5	H	1.5						
Milium effusum	5	5	5	H	1.1						
Circaea lutetiana	7	7	6	G	1.0						
Geranium robertianum	X	7	X	H	1.0						

15 Arten nehmen in ihrer relativen Häufigkeit im UEBERGANG gegenüber dem VERGLEICH zu (Tab. 9), davon aber nur 4 um mehr als 1%. Dabei handelt es sich um die beiden häufigsten Arten der untersuchten Kalk-Buchenwälder, Melica uniflora und Mercurialis perennis, sowie um den Moderhumuswurzler Oxalis acetosella und den Therophyten Impatiens parviflora. 13 Arten nehmen in ihrer relativen Häufigkeit in der SCHUERZE gegenüber dem UEBERGANG zu, 7 davon um mindestens 1%. Neben 5 Hemikryptophyten mit R-Werten von 2 bis 5 sind dies der reaktionsindifferente Geophyt Galium odoratum und der Therophyt Moehringia trinervia. Die höchste Häufigkeitszunahme gegenüber dem VERGLEICH zeigen in der SCHUERZE Oxalis acetosella, sowie die beiden neu aufgetretenen Arten Luzula luzuloides (R=3) und Avenella flexuosa (R=2), die in der SCHUERZE zusammen einen Häufigkeitsanteil von über 25% einnehmen (Tab. 6). Unter den 15 Arten, die in der SCHUERZE in ihrer relativen Häufigkeit zunehmen, sind 9 mit mehr als 1% Zunahme. Dabei handelt es sich vorwiegend um Hemikryptophyten mit R-Werten zwischen 2 und 5. Daneben treten noch die beiden Therophyten Impatiens parviflora und Moehringia trinervia, sowie die beiden reaktionsindifferenten Geophyten Galium odoratum und Convallaria majalis gehäuft auf.

3.2.5. Verteilung der relativen Häufigkeiten aller Arten über die Reaktions-, Stickstoff- und Feuchtezahlen

In der Reihenfolge der Probenahmestellen VERGLEICH - UEBERGANG - SCHUERZE nehmen Arten mit niedrigen R-Werten in ihrer relativen Häufigkeit zu, während gleichzeitig Arten mit hohen R-Werten deutlich zurückgehen. Ähnliche Verschiebungen deuten sich wegen der engen Korrelation zu den R-Werten für Arten mit niedrigen bzw. hohen N-Werten an, während sich in der Verteilung der F-Werte nur geringe Änderungen zeigen. In der Tab. 10 sind die relativen Häufigkeiten aller Arten über die Reaktions-, Stickstoff- und Feuchtezahlen auf den drei Probenahmestellen angegeben. Die Arten mit R-Werten kleiner 5 nehmen in der SCHUERZE gegenüber dem VERGLEICH in ihrer relativen Häufigkeit um ca 30% zu, während die Arten mit R-Werten über 6 im UEBERGANG um 10% und in der

Tab.10: Verteilung der Anzahl(n), Frequenzsumme(Σ) und relativen Häufigkeit(rH) aller Arten über die Reaktions(R)-, Stickstoff(N)- und Feuchte(F)-Zahlen auf den drei Probenahmestellen. Angegeben sind außerdem die Gesamtartenzahl und -frequenz.

	--VERGLEICH---			--UEBERGANG---			---SCHUERZE---		
	n	F(Σ)	rH	n	F(Σ)	rH	n	F(Σ)	rH
R 2							1	80	7.3
3				1	10	0.3	2	100	9.1
4	2	150	2.7	2	170	5.2	2	160	14.6
5	4	385	7.0	2	240	7.3	2	90	8.2
6	9	1015	18.4	6	870	26.4	3	200	18.2
7	15	2265	41.0	10	1210	36.6	6	200	18.2
8	6	475	8.6	3	110	3.3			
X	12	1230	22.3	9	690	20.9	9	270	24.5
N 3	3	80	1.4	3	80	2.4	4	150	13.6
4	4	110	2.0	3	110	3.3	3	130	11.8
5	7	1450	26.3	6	760	23.0	5	230	20.9
6	10	420	7.6	6	240	7.3	4	80	7.3
7	12	1130	20.5	7	820	24.9	5	280	25.5
8	8	840	15.2	5	260	7.9	1	30	2.7
9	1	135	2.5	1	60	1.8	1	10	0.9
X	3	1355	24.5	2	970	29.4	2	190	17.3
F 3	1	10	0.2	1	10	0.3			
4	3	95	1.7	1	40	1.2	1	60	5.4
5	25	3075	55.7	18	1970	59.7	14	520	47.3
6	9	895	16.2	5	410	12.4	4	190	17.3
7	5	170	3.1	3	30	0.4			
X	5	1275	23.1	5	840	25.5	6	330	30.0
Σ	48	5520		33	3300		25	1100	

SCHUERZE um weitere 20% zurückgehen. Schwächer fällt die Verschiebung bei den N-Werten aus. In der SCHUERZE nehmen die Arten mit N-Werten kleiner 5 um 22% zu, während Arten mit N-Werten über 7 um 14% abnehmen.

Die Verteilung der R-Werte weist in VERGLEICH und UEBERGANG jeweils ein Maximum bei R=7 auf (Abb. 20). Demgegenüber liegen in der SCHUERZE sowohl bei R-Werten von 6 und 7, als auch bei 4 hohe Häufigkeitswerte vor. Den größten Anteil nehmen hier jedoch die indifferenten Arten mit fast 25% ein.

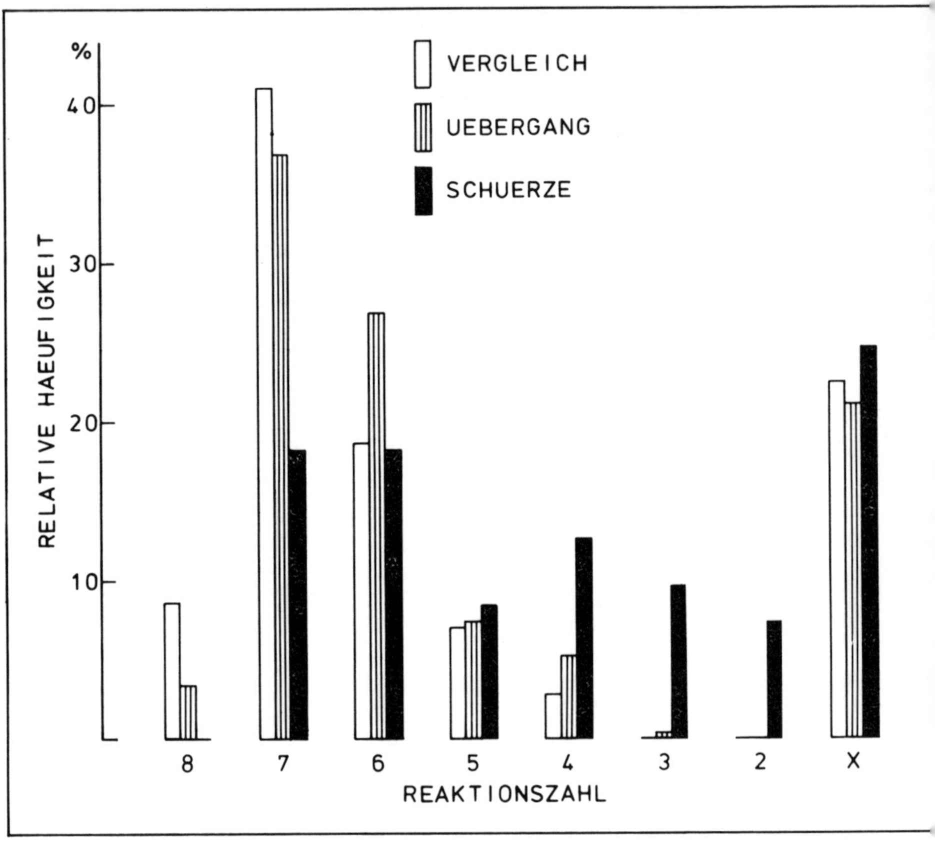

Abb.20: Verteilung der relativen Häufigkeit aller vorkommenden Arten der Krautschicht über die Reaktionszahlen auf den drei Probenahmestellen.

4. DISKUSSION

4.1. Bodenchemische Veränderungen in den Buchenschürzen

4.1.1. pH-Werte, Pufferbereiche, Bodenversauerung

Die in den letzten Jahrzehnten aufgetretene Versauerung der Waldböden durch die Deposition saurer Niederschläge ist in zahlreichen vergleichenden Untersuchungen nachgewiesen worden (vgl. u.a. BUTZKE 1981; ZEZSCHWITZ 1982; EVERS 1983; GRENZIUS 1984). Das Auftreten von Bodenversauerung setzt voraus, daß die in die Böden eingetragenen Protonen nicht mehr ausreichend abgepuffert werden können.

In Kap. 3.1.3. wurden die Böden der Probenahmestellen anhand ihrer pH(H_2O)- und pH($CaCl_2$)-Werte Pufferbereichen zugeordnet. In zahlreichen Arbeiten (vgl. ULRICH 1981; ULRICH et al. 1984; MEIWES et al. 1984; MATZNER et al. 1985) sind die Puffermechanismen ausführlich beschrieben, so daß hier auf eine detaillierte Darstellung verzichtet wird.

Im VERGLEICH befinden sich die Böden vorwiegend im Austauscher- und Silikat-Pufferbereich. In den, trotz des z.T. hoch anstehenden Kalkgesteins, überwiegend carbonatfreien oberen 5cm des Mineralbodens, bietet die Silikatverwitterung und die damit verbundene Freisetzung basischer Kationen die Möglichkeit zur Abpufferung von Protonen (Silikat-Pufferbereich). Bei pH-Werten unter 5.0 werden zusätzlich eingetragene Säuren durch die Reaktion mit Al-Hydroxyden und unter Freisetzung polymerer Al-Hydroxo-Kationen abgepuffert (Austauscher-Pufferbereich). Diese werden in austauschbarer Form an die Tonminerale gebunden und führen zum Verlust von austauschbarem Ca, Mg und K.

In den besonders belasteten Stammfußbereichen der Buchen werden erhebliche Säuremengen eingetragen (zusammenfassender Literaturüberblick bei JOCHHEIM 1985). Dies führt in den obersten Schichten des Mineralbodens zu einer deutlichen Absenkung der pH-Werte. Die Böden auf den Probenahmestellen UEBERGANG und SCHUERZE befinden sich im Al- und Fe-Pufferbereich (pH-Werte kleiner als 4.2). Die eingetragenen Säuren werden im Al-Pufferbereich (pH 3.8 bis 4.2) durch die Freisetzung von Al-Ionen aus den Tonmineralen abgepuffert. Dies führt zu hohen Konzentrationen an Al^{3+}-Ionen in der Bodenlösung. Das Al^{3+}-Ion ist im Al-Pufferbereich das mengenmäßig wichtigste Kation. Mn kann vereinzelt ebenfalls in hohen

Konzentrationen auftreten. Demgegenüber sind die basischen Kationen weitgehend ausgewaschen worden. Im Fe-Pufferbereich (pH kleiner als 3.8) werden Säuren durch die Auflösung von Eisenoxiden abgepuffert. Dies führt in humusreichen Bodenschichten schon bei pH-Werten von unter 3.8 zur Freisetzung phytotoxischer Fe^{3+}-Konzentrationen (ULRICH 1981). Schwermetalle werden in diesen pH-Bereichen ebenfalls in zunehmendem Maße freigesetzt (vgl. Kap. 4.3.) und gelangen in die Bodenlösung.

4.1.2. Austauschbare Kationen, Austauschkapazität und Kationensättigung

Eingetragene oder durch Auswaschung freigesetzte Kationen und Schwermetalle sind in Waldböden nur dann toxisch wirksam, wenn sie nicht mehr ausreichend abgepuffert werden können. Dies ist vor allem in Böden mit niedriger Austauschkapazität und niedriger Basensättigung schneller der Fall als umgekehrt. Die Fähigkeit zum Kationenaustausch ist eine der wichtigsten Eigenschaften der Böden. Durch sie werden die durch Streuzersetzung, Verwitterung oder atmosphärischen Eintrag in den Boden eingetragenen Elemente so gebunden, daß sie vor Auswaschung geschützt aber trotzdem in pflanzenverfügbarer Form vorliegen. Als Kationenaustauscher wirken im Boden Tonminerale, die organische Substanz und im geringen Maße Al-, Mn- und Fe-Oxide. Der Kationenaustausch erfolgt immer in äquivalenten Ladungseinheiten zwischen den Austauschern und der Bodenlösung.

Mit zunehmender Konzentration und Bindungsstärke eines Kations in der Bodenlösung werden immer mehr Ladungsplätze von diesem Kation an den Austauscherplätzen (funktionelle Gruppen an der Oberfläche von Al-, Mn- und Fe-Oxiden oder an den Seitenflächen von Tonmineralen, Anteile der Carboxyl-Gruppen der organischen Substanz) besetzt. Gleichzeitig werden äquivalente Mengen anderer Kationen ausgetauscht, gelangen in die Bodenlösung und werden schließlich ausgewaschen. Die Zusammensetzung der Kationenaustauscher wird im Boden vor allem durch das Ausmaß der Versauerung bestimmt. In sauren Böden verdrängen eingetragene Säuren oder freigesetzte Kationensäuren (z.B. Al, Mn und Fe) basische Kationen (vor allem Ca^{2+}-Ionen) von den Austauscherplätzen, so daß diese freigesetzt und ausgewaschen werden. Mit zunehmender Bodenversauerung werden die

Austauscherplätze durch polymere Al-Hydroxide blockiert, die aufgrund ihrer hohen Bindungsstärke zunächst nicht mehr von anderen Kationen verdrängt werden können (vgl. SCHEFFER & SCHACHTSCHABEL 1982; MEIWES et al. 1984). Diese Prozesse führen nach ULRICH (1966) zu einer Abnahme der Austauschkapazität von Böden um über 80%, an der das Ca nur noch mit wenigen Prozenten beteiligt ist.

In der SCHUERZE werden nur noch 40% der AK_{eff}-Werte aus dem VERGLEICH erreicht, die Ca-Sättigung liegt dort im Mittel bei 21%. Böden mit geringen AK_{eff}-Werten und geringer Basensättigung, die auf die oben erwähnte Blockierung von Austauscherplätzen und auf geringere Ton- und Humusgehalte zurückzuführen ist, besitzen eine geringere Pufferkapazität gegenüber zusätzlich über den Stammablauf eingetragenen Säuren.

4.2. Veränderungen des Kationenaustauschersystems in den Böden der Buchenschürzen

Für die Beurteilung der in den Böden der Probenahmestellen UEBERGANG und SCHUERZE aufgetretenen Veränderungen in der Belegung der Kationenaustauscher ist das Verhältnis der Kationen zueinander wesentlich aussagekräftiger als die absoluten austauschbaren Gehalte (MEIWES et al. 1984). Die Angabe der Kationensättigung (vgl. Kap. 3.1.6.) ermöglicht einen besseren Vergleich der Böden untereinander, da deren effektive Austauschkapazität in der Reihenfolge der Probenahmestellen VERGLEICH - UEBERGANG - SCHUERZE abnimmt.

Die Kationenaustauscher der Böden werden im weiteren als ein System betrachtet, dessen Strukturveränderungen unter dem Einfluß des Stammablaufwassers nun näher beschrieben werden sollen, wobei Struktur im Sinne der kybernetischen Systemtheorie von KLAUS & LIEBSCHER (1976) als "die Gesamtheit der zwischen den aktiven Elementen eines dynamischen Systems bestehenden materiellen Kopplungen" definiert wird. Struktur ist immer ein systemarer Begriff und einer der wesentlichen Aspekte, die bei der Analyse eines Systems berücksichtigt werden müssen.

In den untersuchten Böden wurde das Kationenaustauschersystem (Kap. 3.1.5. und 3.1.6.) bisher durch die Anzahl der Kationen und deren Sättigungsanteile an der Belegung der Austauscherplätze beschrieben. Aus diesen beiden Parametern läßt sich nach der Shannon-Formel (vgl. Kap. 2.3.4.) die Diversität, durch die strukturelle Aspekte dieses Systems erfaßt werden, berechnen. Sie wird hier im Zusammenhang mit der Kationensättigung als Kationensättigungs-Diversität (D_{Kat}) definiert. Die Anzahl der Kationen (Ca, Mg, K, Al, Fe, Mn, Zn, Pb und H) ist mit n=9 auf den drei untersuchten Probenahmestellen gleich. Der Wert p_i wird als Sättigungsanteil eines Kations angegeben (100%: Summe der Sättigungsanteile aller Kationen). Entsprechend der Gleichung $D_{max} = \ln n$ kann die Kationensättigungs-Diversität in dem untersuchten System bei 9 Kationen einen maximalen Wert von 2.20 erreichen. In diesem Fall würden die Sättigungsanteile aller Kationen bei 11.1% liegen. Der Diversitäts-Anteil eines Kations würde dann einen Wert von 0.24 erreichen.

In der SCHUERZE (1.42) werden gegenüber dem UEBERGANG (1.30) und dem VERGLEICH (0.68) signifikant höhere D_{Kat}-Werte erreicht (Abb. 21). Hohe Diversität kann nun sowohl mit hoher als auch mit geringer Stabilität eines Systems verbunden sein (vgl. NAGEL & SCHÄFER 1978). Nach GIGON (1983) versteht man unter Stabilität das Bestehenbleiben eines Systems und die Fähigkeit, nach Veränderung in die Ausgangslage zurückzukehren. Die Zunahme der Diversität der abiotischen Umwelt führt häufig zu einer Zunahme der Diversität eines Systems. Nach STUGREN (1978) führt die natürliche, mechanisch begründete Tendenz zur Unordnung dazu, daß die "sogenannten abiogenen Faktoren gegen die Erhaltung der Organisation in den Lebenseinheiten" arbeiten.

Der Eintrag von Säuren und Schwermetallen und die Freisetzung von Kationensäuren führen in den Buchenschürzen zur Zerstörung vorhandener Strukturen des Kationenaustauschersystems. In der SCHUERZE erreichen neben der Kationensättigungs-Diversität auch die Summen der Diversitäts-Anteile der basischen Kationen (Ca + Mg + K), der Kationsäuren (Al + Mn + Fe), der Schwermetalle (Zn + Pb) und der Diversitäts-Anteil des Wasserstoffs unter dem Einfluß des Stammablaufwassers ihre höchsten Werte. Hohe D_{Kat}-Werte werden daher, in der Gegenüberstellung von mehreren mit den gleichen Methoden bearbeiteten Böden, als relative Indikatoren für geringere Stabilität eines Systems angesehen. Dies konnte in Böden verschiedener Buchenwald-Gesellschaften nachgewiesen werden (NEITE 1987). Dabei lagen die D_{Kat}-Werte aller untersuchten Stammfußbereiche über denen aller

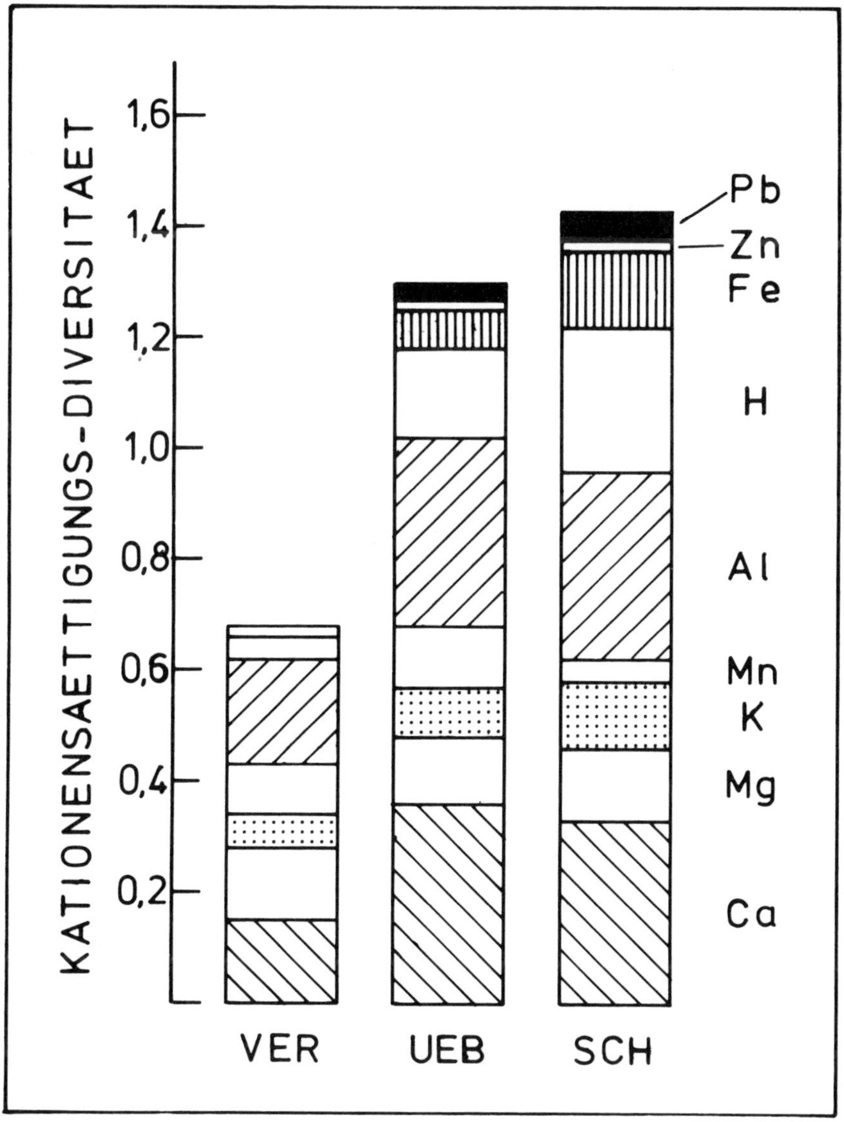

Abb.21: Kationensättigungs-Diversitäten und Diversitäts-Anteile einzelner Kationen in den Böden der drei Probenahmestellen.

Bestandesmitten. Die Pufferwirkung des instabil gewordenen Kationenaustauschersystems der Buchenschürzen gegenüber Belastungen ist weitgehend erschöpft, wobei man nach ELLENBERG (1972) unter Belastung die nicht zum normalen Haushalt eines Systems gehörige, meist anthropogen ausgelöste, Einwirkung eines Faktors oder eines Komplexes von Faktoren (z.B. das durch Immissionen belastete Stammablaufwasser) versteht. Nach JOCHHEIM (1985) entwickeln sich die Böden der Stammfußbereiche zu einer "inerten Matrix", in der die Konzentrationen der Kationen allein durch diejenigen des einsickernden Stammablaufwassers bestimmt werden.

4.3. Die Buchenschürzen als Senke für Schwermetalle

In den letzten Jahrzehnten werden in zunehmendem Maße auch in industrieferne Waldökosysteme Schwermetalle eingetragen (MAYER 1981; KOENIES 1982). Im Kronenraum der Bäume werden die durch Fernimmissionen eingetragenen Schwermetall-Aerosole aus der Luft ausgefiltert und auf den Bäumen abgelagert. Dies führt zu einer vermehrten Schwermetall-Akkumulation in und auf den Blättern und nach dem Laubfall bzw. durch die Kronentraufe zu einem Anstieg der Schwermetall-Gehalte in der organischen Auflage und im Oberboden, dem Wurzelraum der meisten Waldpflanzen (MAYER & HEINRICHS 1981). Die Schwermetalleinträge aus der Atmosphäre übersteigen dabei die durch Verwitterungsprozesse aus Mineralien freigesetzten Mengen um ein Vielfaches (MAYER 1981), so daß Waldböden für eingetragene Schwermetalle eine Senke darstellen.

Die ökologische Wirksamkeit der Schwermetalle wird vor allem von ihrer Löslichkeit bestimmt. Die in der Bodenlösung vorliegenden Schwermetall-Anteile (wasserlösliche Fraktion) werden von den Pflanzen aufgenommen (vgl. ERNST & JOOSSE 1983; HORAK 1983) oder durch Verlagerungs- und Auswaschungsvorgänge in das Oberflächen- und Grundwasser transportiert (KOENIES 1982). Die Löslichkeit der Schwermetalle steigt im allgemeinen mit sinkendem pH-Wert der Bodenlösung (vgl. HERMS & BRÜMMER 1980). Hohe Gehalte an organischer Substanz, Ton, Carbonaten, sowie Eisen-, Mangan- und Aluminiumoxiden bewirken dagegen eine Immobilisierung der Schwermetalle (BRÜMMER et al. 1983).

In den Buchenschürzen wurden von verschiedenen Autoren (vgl. KOENIES 1982; GLAVAC 1986; GLATZEL et al. 1986; WITTIG & WERNER 1986) deutlich erhöhte Schwermetallkonzentrationen nachgewiesen. Dies wird vor allem auf den Eintrag über den Stammablauf zurückgeführt. Ionogen eingetragene Schwermetalle oder unlösliche Schwermetallverbindungen werden entweder im humusreichen Oberboden festgelegt oder mit dem Stammablaufwasser in tiefere Bodenschichten verlagert. Dort werden sie je nach den Bodenverhältnissen wieder festgelegt oder ins Grund- und Oberflächenwasser ausgetragen.

Blei und Eisen werden in der SCHUERZE (um 71% bzw. 46% höhere Gesamtgehalte als im VERGLEICH) sehr stark angereichert, während Mangan in hohen Konzentrationen ausgewaschen wird. Die Auswaschung leicht mobiler Zink-Verbindungen wird durch den Eintrag unlöslicher Zn-Verbindungen nahezu ausgeglichen. Diese Ergebnisse stimmen mit den Untersuchungen von GLATZEL et al. (1986) überein.

Die niedrigen pH-Werte (kleiner als 3.0) führen in Verbindung mit den hohen Wassermengen des Stammablaufwassers zu einer starken Freisetzung von Mn^{2+}-Ionen. Die Mn-Verluste (86% der Gesamtgehalte) werden durch den Eintrag von Mn-Verbindungen über den Stammablauf nicht ausgeglichen. Nach ULRICH et al. (1979) läuft in versauerten Waldböden eine Entmanganisierung ab. Geringe Mn-Gehalte können auch die Bindungskapazität von Böden für andere Schwermetalle einschränken, da Mn-Oxide an der Fixierung von Schwermetallen beteiligt sind (BRÜMMER et al. 1983).

Die über den Stammablauf eingetragenen Eisen-Verbindungen werden im Oberboden der Buchenschürzen angereichert. In der SCHUERZE wurden gegenüber dem VERGLEICH um 46% höhere Fe-Gesamtgehalte bestimmt. Die hohen austauschbaren Fe-Gehalte in der SCHUERZE (vgl. Kap. 3.1.8.) werden vorwiegend durch die Freisetzung von Fe^{3+}-Ionen aus den Mineralen als Folge des Eintritts der Böden in den Fe-Pufferbereich bestimmt.

Blei wird nach GLATZEL et al. (1986) von allen untersuchten Schwermetallen am stärksten in den Stammfußbereichen angereichert und dort vor allem von der organischen Substanz gebunden (vgl. auch GLAVAC 1986). Die Bindungsstärke der organischen Substanz nimmt aber bei niedrigen pH-Werten deutlich ab. Das Pb gelangt dann in eine austauschbare Form und kann in tiefere Bodenschichten verlagert werden. Die gegenüber dem

UEBERGANG um 5% geringeren Pb-Gesamtgehalte in der SCHUERZE deuten auf die Auswaschung leicht mobiler Pb-Anteile hin.

Toxisch wirksam sind vor allem die pflanzenverfügbaren Schwermetallanteile. Die austauschbaren und damit potentiell pflanzenverfügbaren Mn- und Zn-Gehalte verringern sich unter dem Einfluß des Stammablaufwassers um 80% bzw. 50%. Demgegenüber erhöhen sich in der SCHUERZE die austauschbaren Fe- und Pb-Gehalte um das 60- bzw. 12-fache. Die toxische Wirkung von hohen Fe-Gehalten in der Bodenlösung ist seit langem bekannt (vgl. Kap. 4.8.), während es über die Wirkung hoher Pb-Gehalte in der Bodenlösung auf Pflanzen nur wenige Literaturangaben gibt. Pb wird normalerweise nur in geringen Mengen von Pflanzen aufgenommen (vgl. ERNST & JOOSSE 1983). In ionogener Form wird Pb in Kulturversuchen bevorzugt in der Wurzel festgelegt, während komplexiertes Pb hauptsächlich in den Sproß gelangt. Wurzelschädigungen sind bei den hohen Pb-Konzentrationen in der SCHUERZE nicht auszuschließen (vgl. MAYER & HEINRICHS 1981).

Die Bedeutung der Stammfußbereiche als "Monitor" für die Schwermetallbelastung von Waldökosystemen ist von verschiedenen Autoren diskutiert worden. Dabei konnten sowohl eine meereshöhenbedingte (GLAVAC 1986) als auch regional abhängige Schwermetallanreicherungen (vgl. KOENIES 1982; WITTIG & WERNER 1986) festgestellt werden.

4.4. Veränderungen der Lebensbedingungen für Arten der Kalk-Buchenwälder in den Buchenschürzen

Kalkreiche und kalkarme Böden werden von sehr unterschiedlichen Pflanzenarten besiedelt. Einige kommen stets oder vorwiegend auf calciumcarbonathaltigen Böden vor (calcicole Arten), andere (calcifuge) werden auf diesen Böden nicht angetroffen (KINZEL 1982). Neben dem Kalkgehalt des Bodens (vgl. ELLENBERG 1958) wurde vor allem der pH-Wert bzw. die H^+-Konzentration in der Bodenlösung als wichtiger Faktor für die Verbreitung einzelner Arten aber auch ganzer Artengruppen angesehen (vgl. u.a. OLSEN 1923; HÖNNEKES 1934; SCHÖNHAR 1952; LÖTSCHERT 1952 u. 1959). Jedoch besteht immer nur eine indirekte Abhängigkeit zwischen dem Kalkgehalt oder dem pH-Wert des Bodens und der Zusammensetzung der Arten. Es sind verschiedene Bodenfaktoren, die in den unterschiedlichen pH-

Bereichen auf die Pflanzen einwirken können und jeweils spezielle Anpassungen der Arten erfordern. Höhere Pflanzen besitzen einerseits die Fähigkeit, Nährelemente auch in geringen Konzentrationen aus der Bodenlösung aufzunehmen und andererseits das Eindringen schädlicher Ionen zu verhindern (bzw. einzuschränken). Als primäre Ursache für das Auftreten acidophiler Pflanzenarten wird von verschiedenen Autoren (zusammenfassende Darstellungen bei HACKETT 1964-1967; MARTIN 1968; GRIME & HODGSON 1969; HENRICHFREISE 1976 u. 1981; ULRICH et al. 1979; KINZEL 1982; FOY 1983) die Toleranz gegenüber hohen Al^{3+}-, Mn^{2+}- und Fe^{3+}-Konzentrationen in der Bodenlösung angesehen.

Im VERGLEICH wird eine Basensättigung von ca. 90% erreicht und es ist bei pH(H_2O)-Werten zwischen 4.2 und 6.0 (Austauscher- und Silikat-Pufferbereich) noch nicht mit toxischen Al-, Mn- oder Fe-Konzentrationen zu rechnen. In den gut durchlüfteten, nährstoffreichen Böden überwiegt als Stickstoff-Form das Nitrat in der Bodenlösung, während Ammonium kaum vorhanden sein sollte. Die Humusform ist bei C/N-Verhältnissen unter 14 als Mull zu bezeichnen (vgl. Kap. 3.1.2.).

In den untersuchten Kalk-Buchenwäldern überwiegen daher Pflanzenarten, die nach ELLENBERG (1979) als Schwachsäure- bis Schwachbasenzeiger zu bezeichnen sind und niemals auf stark sauren aber häufig auf stickstoffreichen und mittelfeuchten Böden auftreten (vgl. Kap. 3.2.3.).

In den Buchenschürzen haben sich die Lebensbedingungen für die Krautschichtarten gegenüber der Bestandesmitte drastisch verschlechtert. Die pH-Werte sinken unter hoher Säurebelastung bis in den Fe-Pufferbereich ab. Vor allem im UEBERGANG wird eine Humusakkumulation beobachtet (vgl. Kap. 3.1.1.), die neben der Anhäufung von organischem Material auf einen verzögerten Streuabbau unter dem Einfluß des Stammablaufwassers zurückgeführt werden kann. Die im UEBERGANG gemessenen hohen Al^{3+}-Konzentrationen können die biologische Aktivität so stark beeinträchtigen, daß es zu einer Anreicherung von wenig zersetztem organischen Material kommen kann (vgl. ULRICH et al. 1979).

Die schädliche Wirkung hoher Al^{3+}-Konzentrationen, deren Grad vom Al/Ca-Verhältnis abhängt, ist für viele Pflanzenarten seit langem bekannt (vgl. SKEEN 1929; LUND 1970; RUNGE 1983; NEITZKE & RUNGE 1985). In humusreichen Bodenschichten mit pH-Werten unter 4.2 kann ein Teil des Gesamt-Aluminiums in der Bodenlösung organisch komplexiert vorliegen. In diesem Fall können Protonen für die Säuretoxizität verantwortlich sein, wobei der Grad der Toxizität vom H/Ca-Verhältnis abhängt (vgl. ROST-SIEBERT 1985).

Werden bei pH-Werten unter 3.8 verstärkt Fe-Hydroxide gelöst und gelangen Fe^{3+}-Ionen in hohen Konzentrationen in die Bodenlösung, können Fe/Ca-Verhältnisse erreicht werden, bei denen Fe^{3+}-Ionen Wurzelschäden hervorrufen (vgl. SKEEN 1929). In der SCHUERZE, die sich bei pH($CaCl_2$)-Werten unter 3.0 zeitweise im Fe-Pufferbereich befinden kann, werden die höchsten molaren H/Ca- und Fe/Ca-Verhältnisse bestimmt.

In der SCHUERZE ist bei den gemessenen niedrigen pH-Werten, hohen Al^{3+}- und Fe^{3+}-Konzentrationen, bei verminderter Nitrifikation (SCHÄFER 1986) mit erhöhten Ammonium-Werten in der Bodenlösung zu rechnen (JOCHHEIM 1985; SCHULTE 1985). Dies ist für die Ernährung und das Wachstum einiger Pflanzenarten (z.B. Avenella flexuosa; vgl. Kap. 4.8.) von Bedeutung und kann die Verbreitung anderer Arten einschränken (KINZEL 1982).

4.5. Veränderungen der Dominanzstrukturen in den Buchenschürzen

Strukturelle Aspekte eines Systems werden theoretisch durch die Diversität (vgl. Kap. 2.3.4.) erfaßt. In unterschiedlich artenreichen Beständen ist wegen der Abhängigkeit der Diversität von der Artenzahl ein Vergleich der einzelnen Diversitäts-Werte nicht sinnvoll, daher wird zur Relativierung der Diversität die Evenness berechnet (HAEUPLER 1982). In Vielfältigkeits-Diagrammen, in denen die Artenzahl gegen die Evenness aufgetragen wird (vgl. HAEUPLER 1982; FISCHER 1982), läßt sich die Komplexität (hierunter versteht man nach KLAUS & LIEBSCHER (1976) eine vergleichende Größe zur Bestimmung der Zusammengesetztheit eines Systems aus gleichartigen Elementen) einer Pflanzengesellschaft anhand der Dominanzverhältnisse (ausgedrückt durch die Evenness) und der Artenvielfalt (ausgedrückt durch die Artenzahl) anschaulich darstellen.

Abb. 22 zeigt die Vielfältigkeits-Diagramme der drei Probenahmestellen, deren Dominanzstrukturen sich deutlich voneinander unterscheiden. Im UEBERGANG verringert sich zwar die mittlere Artenzahl um etwa 50%

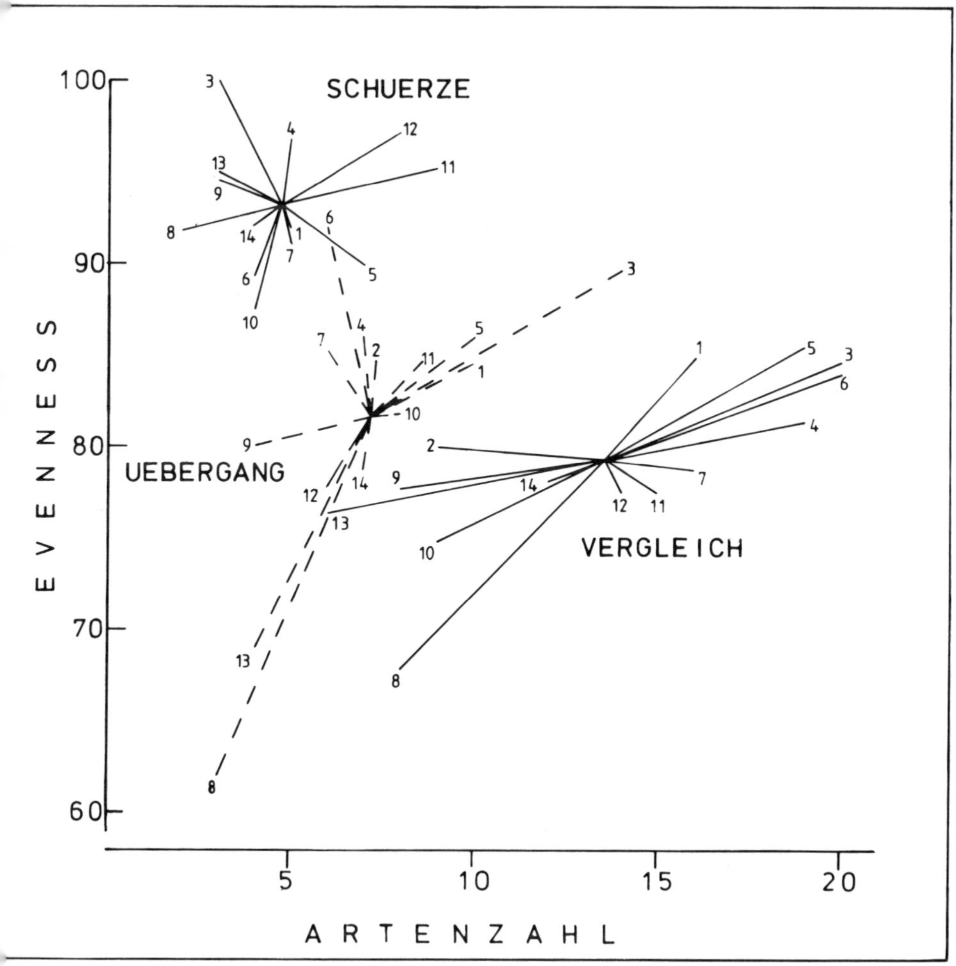

Abb.22: Vielfältigkeits-Diagramme der drei Probenahmestellen. Die Werte der einzelnen Untersuchungsflächen sind durch Linien mit den Mittelwerten verbunden.

(vgl. Kap. 3.2.2.), die Evenness-Werte haben sich im Mittel aber nicht signifikant erhöht. Erst in der SCHUERZE kommt es bei weiter zurückgehender Artenzahl zu einer Erhöhung der Evenness auf fast maximale Werte. Dort treten nur noch wenige Arten mit etwa gleicher Frequenz auf. Auf den Untersuchungsflächen 8 und 13 verringert sich die Evenness im UEBERGANG, dort dominiert die im VERGLEICH schon häufig vorkommende Art Mercurialis perennis, während andere calcicole Arten, wie Arum maculatum (Fläche 8) oder Anemone ranunculoides (Fläche 13), in ihrer Frequenz stark zurückgehen oder völlig verschwinden. Auf den Flächen 2, 3 und 6 erhöht sich die Evenness schon im UEBERGANG beträchtlich. Hier nehmen entweder die dominanten Arten aus dem VERGLEICH in ihrer Frequenz schon beträchtlich ab (Corydalis cava auf Fläche 2 oder Melica uniflora auf Fläche 6) oder es treten mehrere Arten mit etwa gleicher Frequenz auf (Fläche 3). Mit Ausnahme der Fläche 6, auf der die hohe Frequenz des Moderhumuszeigers Oxalis acetosella in der SCHUERZE niedrige Evenness-Werte zur Folge hat, werden dort immer die höchsten Evenness-Werte berechnet. Die meisten Arten gehen in ihrer Frequenz deutlich zurück (vgl. Kap. 3.2.4.) oder verschwinden ganz, andere Arten treten mit geringerer oder, wie im Fall der Säurezeiger, auch mit höherer Frequenz neu auf. Hieraus resultiert eine relativ einheitliche Verteilung der Artenzahlen und Evenness-Werte in der SCHUERZE.

In unterschiedlichen Pflanzengesellschaften führen Belastungen, z.B. durch Nutzungs-, Immissions-, Überschattungs- und Auflichtungseffekte (vgl. HAEUPLER 1982) stets zu Veränderungen in der Artenzahl und Evenness. Die Veränderungen treten in den angegebenen Beispielen über einen längeren Zeitraum immer gegenüber Kontrollflächen auf. Die Artenzahlen sinken z.B. bei der Einwirkung von Immissionen, während sich die Evenness je nach Stärke des Immissions-Effektes unterschiedlich verhält. Sehr hohe Belastungen, z.B. durch Herbizid-Einwirkung, führen zu einer Erhöhung der Evenness auf einen fast maximalen Wert. In Abb. 22 wird deutlich, daß sich die Dominanzstrukturen der Kalk-Buchenwälder (Probenahmestelle: VERGLEICH) unter dem Einfluß des Stammablaufwassers in den Buchenschürzen nahezu aufgelöst haben.

4.6. Veränderungen der Zeigerwertspektren in den Buchenschürzen

Die Berechnung der mittleren Zeigerwerte nach ELLENBERG (1979) bietet eine Möglichkeit zur Charakterisierung von Pflanzengesellschaften und ihrer Standorte (BÖKER et al. 1983). Zusätzliche Informationen enthalten die Darstellungen von Zeigerwertspektren (vgl. ELLENBERG 1985 u. 1986). Die mittleren Reaktions-, Stickstoff- und Feuchtezahlen wurden aus der Verteilung der relativen Häufigkeit der Arten (Kap. 3.2.5., Tab. 10) berechnet.

Analog zu der Berechnung der Kationensättigungs-Diversität (vgl. Kap. 4.2.) lassen sich für jede Probenahmestelle anhand der Häufigkeitsverteilung aller Arten über die Zeigerwerte (ohne die indifferenten Arten) Verteilungsstrukturen ermitteln, deren Diversität sich aus der Anzahl der zu berücksichtigenden Zeigerwerte (=Elemente des Systems) und deren relativen Häufigkeitsanteilen nach der Shannon-Formel berechnen läßt (vgl. Kap. 2.3.4.). Im Zusammenhang mit den Zeigerwertspektren wird auf diese Weise eine Zeigerwert-Diversität definiert.

Die Anwendung der Zeigerwert-Diversität ermöglicht einen Vergleich von Zeigerwert-Spektren und mittleren Zeigerwerten verschiedener Vegetationsaufnahmen. In Abb. 23 ist sofort zu erkennen, daß sich in der SCHUERZE, bei niedriger mittlerer Reaktionszahl, auch die Verteilung der Arten über die Reaktionszahlen gegenüber den Probenahmestellen VERGLEICH und UEBERGANG deutlich verändert hat. Der hohe Diversitätswert (1.72) ist neben der Erweiterung des Zeigerwert-Spektrums um die R-Zahlen 2 und 3 (bei gleichzeitigem Verlust von Arten mit einem R-Wert von 8) auf die hohen Diversitäts-Anteile der R-Werte 2, 3 und 4 zurückzuführen. Anders verhält es sich bei der Gegenüberstellung der Probenahmestellen VERGLEICH und UEBERGANG. Obwohl im UEBERGANG die R-Werte im Mittel um 0.3 Einheiten und die N-Werte um 0.2 Einheiten abfallen (dies ist bei den R-Werten vor allem auf eine Verschiebung zwischen den Reaktionszahlen 8 und 6 und bei den Sickstoffzahlen auf eine Verschiebung zwischen den N-Werten 8 und 7 zurückzuführen), ändert sich die Zeigerwert-Diversität nur um jeweils 0.01 Einheiten, d.h. die Zeigerwertspektren von VERGLEICH und UEBERGANG ändern sich bezüglich der R- und N-Werte nur gering-

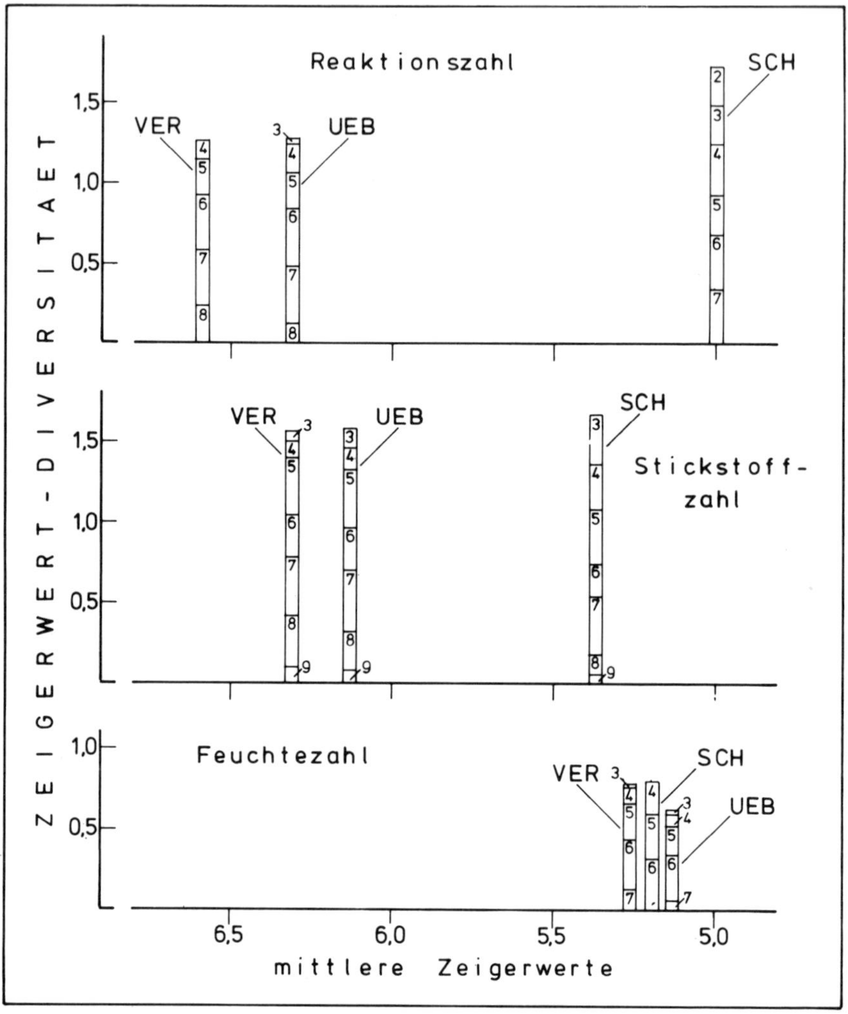

Abb.23: Zeigerwert-Diversitäten und Diversitäts-Anteile einzelner Zeigerwerte in Abhängigkeit zur mittleren Reaktions-, Stickstoff- und Feuchtezahl auf den drei Probenahmestellen.

fügig. Auch die Verteilungsspektren der F-Werte und die mittleren F-Werte lassen keine Unterschiede zwischen den drei Probenahmestellen erkennen.

Die in der SCHUERZE berechnete hohe Reaktionszeigerwert-Diversität wird in der Gegenüberstellung der Probenahmestellen, in Zusammenhang mit der niedrigen mittleren Reaktionszahl, dem zweigipfligen Verteilungsspektrum und der Erweiterung des Zeigerwertspektrums als ein relativer Indikator für gestörte Standortsverhältnisse angesehen. In den Buchenschürzen können calcicole Pflanzenarten mit R-Werten von 8 nicht mehr wachsen, doch bieten die Buchenschürzen teilweise noch Arten mit R-Werten von 7 ausreichende Lebensbedingungen, während dort ansonsten säureliebende Pflanzenarten (vor allem Avenella flexuosa) begünstigt werden.

4.7. Die Buchenschürzen als "offene Flächen"

In den gras- und krautreichen Ausbildungen des Kalk-Buchenwaldes finden sich normalerweise nur wenige Therophyten (vgl. DIEMONT 1938). Dies ist u.a. auf die starke Konkurrenz der zahlreichen Geophyten und Hemikryptophyten zurückzuführen, die den klimatischen und edaphischen Standortsverhältnissen besser angepaßt sind. Im VERGLEICH erreichen die Therophyten in der Krautschicht einen Häufigkeitsanteil im Lebensformenspektrum von nur 2.2% (vgl. Kap. 3.2.2.). In der SCHUERZE steigt dieser Anteil jedoch um das Dreifache an. Neben Moehringia trinervia ist es vor allem Impatiens parviflora, die auf dieser Probenahmestelle in ihrer relativen Häufigkeit gegenüber dem VERGLEICH von 1.8 auf 4.5% zunimmt. Günstige Nährstoffverhältnisse und starke Belichtung können die Ausbreitung dieser einjährigen Art normalerweise begünstigen (TREPL 1982). Im allgemeinen bieten "offene Flächen" (z.B. Brachflächen) einjährigen Pflanzen günstige Keimungsbedingungen, wobei der entscheidende Konkurrenzvorteil der Therophyten in der schnellen Besiedlung vegetationsfreier Flächen liegt. Der erhöhte Therophyten-Anteil kann somit in erster Linie auf die geringere Vegetationsbedeckung in den Buchenschürzen zurückgeführt werden, zumal die Lichtverhältnisse auf den drei Probenahmestellen annähernd gleich sein dürften. Bei den ungünstigen Bodenverhältnissen, die in den oberen Bodenschichten der Buchenschürzen vorherrschen, bietet wohl nur die organische Auflage in diesen häufig krautschichtarmen Bereichen den Samen der Therophyten gegenüber den meisten anderen Pflanzenarten kurzfristig günstigere Keimungsbedingungen.

4.8. Das Auftreten von Avenella flexuosa in den Buchenschürzen

In neueren Untersuchungen (vgl. NEITE & WITTIG 1985; JOCHHEIM 1985; NEITE & RUNGE 1986) wird, wie in der vorliegenden Arbeit, das gehäufte Vorkommen der Drahtschmiele (Avenella flexuosa) in den Stammfußbereichen von Buchen beobachtet.

Diese Art wächst normalerweise auf trockenen Böden mit niedrigem pH-Wert und geringen Basen-, Stickstoff- und Phosphorgehalten (HÖNNEKES 1934; SCURFIELD 1954; BÜCKING & DIETERICH 1981; BÜCKING 1983). Bei hohen Humusgehalten im Oberboden sind die Kohlenstoff/Nährelement-Relationen auf den Avenella-Standorten weit (BÜCKING 1981; BÜCKING & DIETERICH 1981). Auf sauren Standorten ist die Art vitaler als auf weniger sauren und wird häufig als primärer Zeiger für saure Böden und als Pionierpflanze auf Rohhumusböden beschrieben. Das oberirdische Frischgewicht ist nach Untersuchungen von JOWETT & SCURFIELD (1949) mit dem pH-Wert des Oberbodens negativ korreliert.

Das Gras kann durch seine hohen Wasseransprüche die Keimungsbedingungen für junge Holzpflanzen erheblich beeinträchtigen (PEER 1976). Avenella flexuosa wird außerdem als ausgesprochen schattenertragend beschrieben und ist in lichtarmen Luzulo-Fageten häufig die vorherrschenden Art der Bodenvegetation (BREDEMEIER & DOHRENBUSCH 1984).

Nährelementanalysen bestätigen die Toleranz dieses Grases gegenüber hohen, für andere Arten meist toxischen, Al-Konzentrationen (HÖHNE et al. 1981). Auch reagiert diese Art in weiten Konzentrationsbereichen unempfindlich auf hohe Gehalte an Fe^{3+}-Ionen in der Bodenlösung (HACKETT 1965).

Verschlechtern sich die Lebensbedingungen für Avenella flexuosa, sterben die oberirdischen Grashorste ab, während die Kriechsprosse in der organischen Auflage bis zu 40 Jahren austriebsfähig bleiben und bei günstigeren Lebensbedingungen innerhalb kurzer Zeit wieder austreiben können (SCHRETZENMEYER 1969). Die Ausbreitung der Art durch Samen spielt dagegen auf vegetationsfreien Flächen (z.B. Kahlschlägen) eine wichtige Rolle. Das Gras keimt nach Untersuchungen von KLEBINGATS (1967) sofort nach dem Samenausfall, also etwa im August.

In der Bestandesmitte der untersuchten Kalk-Buchenwäldern tritt Avenella flexuosa normalerweise nicht auf. Auch in alten pflanzensoziologischen Aufnahmen dieser Pflanzengesellschaft aus dem Teutoburger Wald (vgl. DIEMONT 1938; BÜKER 1939; BURRICHTER 1953; LIENENBECKER 1971) finden sich keine Nachweise über das Vorkommen dieser Art. Alte, in der organischen Auflage ruhende, Kriechsprosse dürften somit in den untersuchten Flächen ebenfalls nicht vorhanden sein. Die hohen pH-Werte, der hohe Basengehalt und der niedrige Humusgehalt der Böden verhindern offenbar die Ausbreitung des Grases in den Kalk-Buchenwäldern. Auf Kalkböden behindert nach WOOLHOUSE (1966) die Anwesenheit von HCO_3^--Ionen die Eisenversorgung von Avenella flexuosa. Nach Untersuchungen von BÜCKING & DIETERICH (1981) gestattet es die physiologische Konstitution der Art nicht, nährstoffreiche Standorte zu erobern und gegen die Konkurrenz größerer Biomasseproduzenten zu verteidigen.

Erst die für calcicolen Arten lebensfeindlichen Bodenverhältnisse mit niedrigen pH-Werten, hohen Gehalten an löslichen Al^{3+}- und Fe^{3+}-Ionen, sowie die hohen Humusgehalte im Oberboden bieten Avenella flexuosa in den häufig vegetationsarmen Stammfußbereichen von Buchen günstige Keimungsbedingungen. Da die Samen dieser Art nur eine geringe Flugfähigkeit besitzen, werden sie in erster Linie durch Waldtiere verbreitet, an deren Fell sich die reifen Samen anhaften können. Die Jugendentwicklung der aus Samen hervorgegangenen Pflanzen verläuft jedoch sehr langsam. Nach Untersuchungen von SCHRETZENMEYER (1969) beträgt der Durchmesser von etwa 10-jährigen Horsten nur 20cm. In den untersuchten Buchenschürzen waren die Horste nur wenige cm breit. Dies deutet auf eine Ausbreitung von Avenella flexuosa erst in den letzten Jahren hin.

Die Einschränkung und Ausbreitung von Pflanzenarten in zeitlicher und räumlicher Sicht bildet nach SCHUBERT (1977) ein wesentliches Kriterium der Bioindikation auf der Basis floristischer Änderungen. Als Untersuchungsflächen eignen sich hierfür die Buchenschürzen, da sie eine deutlich von der dichten Krautschichtdecke abgegrenzte Beobachtungsfläche darstellen und im Vergleich zur Bestandesmitte (=Kontrollfläche) erheblich höheren Einträgen und Veränderungen ausgesetzt sind. Das Auftreten von Avenella flexuosa in den Buchenschürzen wird als eine Reaktion dieses pflanzlichen Bioindikators auf die Wirkung des Stammablaufwassers angesehen.

4.9. Ausdehnung der Buchenschürzen

In den vorhergehenden Kapiteln konnte gezeigt werden, daß Boden- und Vegetationsstrukturen in den vom Stammablaufwasser belasteten Buchenschürzen gegenüber der Bestandesmitte erheblich verändert sind. Die beobachteten Veränderungen treten jeweils in einem deutlich von der dichten Krautschichtdecke der Kalk-Buchenwälder abgegrenzten Bereich auf.

Die Flächengröße der Buchenschürzen wird von ihrer Länge bestimmt, die sich mit der Hangneigung der Untersuchungsflächen erweitert (vgl. Kap. 2.2.2.). Wie JOCHHEIM (1985) an 10 Probeflächen nachweisen konnte, vergrößert sich die vegetationsfreie Fläche in den Stammfußbereichen ebenfalls mit zunehmender Bodenazidität.

NEITE & WITTIG (1985) ermittelten für Buchenschürzen zwischen einigen chemischen Bodenfaktoren (pH($CaCl_2$)-Wert, Gehalt an organischer Substanz, Fe^{3+}-Sättigung) und der Verbreitung einiger Pflanzenarten hohe Korrelationskoeffizienten. Somit scheinen direkte Beziehungen zwischen den Bodenverhältnissen und der Ausdehnung der Buchenschürzen (dem Zurückweichen bzw. Vordringen von Pflanzenarten) zu bestehen.

Die vorliegende Arbeit ergab negative Korrelationen zwischen der Schürzenlänge und der effektiven Austauschkapazität (r=-0.71, P=0.2%), dem Gehalt an organischer Substanz (r=-0.54, P=2.5%) und dem pH($CaCl_2$)-Wert (r=0.44, P=5.6%) der Böden der 14 Untersuchungsflächen. Die Ausdehnung der Buchenschürzen ist also dann am größten, wenn die Böden der stark geneigten Kalk-Buchenwälder (vgl. Kap. 2.2.2.) bei niedrigen pH-Werten und geringen Humusgehalten niedrige Austauschkapazitäten und geringe Basensättigung aufweisen. Die Pufferwirkung dieser Böden nimmt gegenüber der zusätzlichen Belastung durch das sich oberflächlich ausbreitenden Stammablaufwasser ab.

4.10. Die Buchenschürzen als Indikatoren zur Beurteilung einer Immissionsbelastung und säurebedingten Umwandlung der Kalk-Buchenwälder des Teutoburger Waldes

In fast allen bisher untersuchten Buchenwäldern Mitteleuropas wurden in den Stammfußbereichen von Buchen im Vergleich zur Bestandesmitte deutliche Veränderungen im chemischen Bodenzustand und in der Zusammensetzung der Krautschicht beobachtet, die von verschiedenen Autoren als Indikatoren für immissionsbelastete Buchenwälder angesehen werden. Dies sind vor allem:

- eine deutliche pH-Absenkung im Oberboden,
- eine Akkumulation von organischem Material mit ungünstiger Humusform,
- eine verringerte effektive Austauschkapazität der Böden,
- eine Veränderung der Kationensättigungsanteile der Elemente, mit geringerer Basensättigung und erhöhten Sättigungsanteilen von Kationsäuren (Al, Mn, Fe), Wasserstoff-Ionen und Schwermetallen,
- eine Akkumulation des wenig mobilen Schwermetalls Blei in der organischen Auflage und im humusreichen Oberboden, sowie
- auf ehemals basenreichen Standorten, ein Rückgang basiphiler Pflanzenarten und eine Zunahme von acidophilen Arten (v. a. Avenella flexuosa).

Die Stammfußbereiche eignen sich aber nur dann als Indikatoren zur Beurteilung der Immissionsbelastung eines Untersuchungsgebietes, wenn neben den boden- und vegetationskundlichen Verhältnissen auch die Waldgeschichte, das Klima und andere lokale Gegebenheiten (z.B. die Lage von Schadstoffemitenten) bei der Interpretation der Ergebnisse mit berücksichtigt werden.

Die einleitend erwähnte Vermutung von GLAVAC & KOENIES (1986), nach der nur noch Kalk-Buchenwälder, aufgrund ihres hohen Carbonatgehaltes im Boden, die Fähigkeit besitzen, eingetragene Säuren ausreichend abzupuffern, trifft nach den vorliegenden Ergebnissen für die Buchenschürzen der flachgründigen Kalk-Buchenwälder des Teutoburger Waldes nicht mehr zu. Der nur an wenigen Stellen mehr als 10cm mächtige, immer carbonatfreie, Oberboden dieser Standorte ist stark versauert; Kationsäuren und Blei sind dort angereichert. Die in den Kapiteln 4.2. und 4.5. nachgewiesene Zerstörung des Kationenaustauschersystems in den Böden und die Auflösung der Dominanzstrukturen in der Krautschicht deuten ebenfalls auf eine hohe Belastung der Buchenschürzen und damit auch der untersuchten Kalk-Buchenwälder hin.

Im Vergleich zu den von GLAVAC & KOENIES (1986) untersuchten Buchenwäldern Nordhessens, in deren Stammfußbereichen keine Versauerung aber schon eine Blei-Akkumulation beobachtet wurde, wird der Teutoburger Wald als stärker immissionsbelastet angesehen.

Die Flächengröße der untersuchten Buchenschürzen erweitert sich, wenn bei niedrigen pH-Werten, geringen Humusgehalten und niedriger effektiver Austauschkapazität die Pufferfähigkeit der Böden gegenüber eingetragenen Säuren abnimmt (Kap. 4.9.). Bei einer anhaltenden Immissionsbelastung können die Buchenschürzen daher als das Initialstadium einer säurebedingten Umwandlung des Bodens und der Vegetation der Kalk-Buchenwälder betrachtet werden.

5. ZUSAMMENFASSUNG

Für die vorliegende Arbeit wurde als Untersuchungsgebiet der Teutoburger Wald ausgewählt, der aufgrund seiner geographischen Lage besonders immissionsbelastet sein sollte, für den aber noch keine langjährigen Eintragsmessungen vorliegen. Die 14 untersuchten Kalk-Buchenwälder stocken auf flachgründigen Rendzinen, von denen bisher angenommen wurde, daß sie aufgrund ihres hohen Carbonatgehaltes eingetragene Säuren ausreichend abpuffern können. Der Eintrag von Schadstoffen führt in Buchenwäldern zu einer deutlichen Belastung der Stammfußbereiche von Buchen. Dort werden im Vergleich zur Bestandesmitte mit einer bis zu 10-fach höheren Wassermenge erheblich höhere Säure-, Bioelement- und Schwermetallkonzentrationen eingetragen.

In dieser Arbeit wurden die Buchenschürzen, das sind die talseitigen Einsickerungsbereiche des Stammablaufwassers, boden- und vegetationskundlich untersucht und die Ergebnisse mit den Verhältnissen in der Bestandesmitte verglichen.

1. In den untersuchten Kalk-Buchenwäldern des Teutoburger Waldes, die auf flachgründigen Rendzinen stocken, sind die oberen 5cm des Mineralbodens völlig entkalkt.

2. Die Böden der Buchenschürzen sind stark versauert. Sie befinden sich zeitweise schon im Fe-Pufferbereich, während in den Böden der Bestandesmitte Austauscher- und Silikat-Pufferbereich vorherrschen.

3. In den Buchenschürzen tritt als Folge einer gestörten Zersetzung des organischen Materials überwiegend die Humusform mullartiger Moder auf, während in der Bestandesmitte fast immer die Humusform Mull bestimmt wird.

4. In der Bestandesmitte wird im Mittel eine Basensättigung von 90% erreicht, während in den Buchenschürzen z.T. nur noch Werte von 15% bestimmt werden. Es überwiegen dann Al^{3+}-, H^{+}- und Fe^{3+}-Ionen an den Kationenaustauscherplätzen; basische Kationen sind weitgehend ausgewaschen.

5. In den Buchenschürzen ist die Stabilität des Kationenaustauschersystems als eine Folge dieser Entwicklung nur gering und die Pufferkapazität gegenüber der Säurebelastung durch das Stammablaufwasser weitgehend erschöpft.

6. Eingetragene, wenig mobile Schwermetalle (z.B. Blei), werden in der organischen Auflage und im Oberboden der Buchenschürzen akkumuliert. Sie können bei weiter fortschreitender Bodenversauerung in die Bodenlösung gelangen und dort phytotoxische Konzentrationen erreichen.

7. Bei geringen Ca- und gleichzeitig hohen Al-, H- und Fe-Gehalten werden hohe molare Al/Ca-, H/Ca- und Fe/Ca-Verhältnisse in der Bodenlösung erreicht. Die Toleranzgrenze vieler calcicoler Pflanzenarten wird dabei überschritten, so daß Wurzelschäden wahrscheinlich sind.

8. Als Folge des ungünstigen chemischen Bodenzustandes verändert sich die Zusammensetzung der Krautschicht. Nahezu alle Arten der Bestandesmitte nehmen in ihrer Präsenz und ihren Frequenzanteilen ab. Bei verminderter Artenzahl und hohen Evenness-Werten haben sich die Dominanzstrukturen der Arten in den Buchenschürzen nahezu aufgelöst.

9. Die häufig vegetationsarmen Bereiche der Buchenschürzen bieten Therophyten kurzfristig günstigere Keimungsbedingungen.

10. Calcicole Pflanzenarten verschwinden in den Buchenschürzen völlig, während sich dort Avenella flexuosa, ein Säurezeiger, der in der Bestandesmitte von Kalk-Buchenwäldern nicht vorkommt, in den letzten Jahren ausbreitet.

Alle oben genannten Ergebnisse deuten darauf hin, daß die Buchenschürzen Indikatoren für eine starke Immissionsbelastung der Kalk-Buchenwälder des Teutoburger Waldes sind und das Initialstadium einer aus dieser Belastung resultierenden fortschreitenden säurebedingten Umwandlung dieser Wälder darstellen.

6. LITERATURVERZEICHNIS

ARBEITSGEMEINSCHAFT BODENKUNDE 1982: Bodenkundliche Kartieranleitung. 3. Aufl., Hannover: 331 S.

BACH P., 1973: Das Klima im Naturpark Eggegebirge und südlicher Teutoburger Wald. In: Landschaftsverband Westf.-Lippe. (Hrsg.): Landschaftsrahmenplan Naturpark Eggegebirge und südlicher Teutoburger Wald, Münster: 173-184.

BAUER F., 1984: Datenanalyse mit SPSS. Berlin/ Heidelberg (Springer): 275 S.

BEUTEL P., KÜFFNER H., SCHUBÖ W., 1980: SPSS 8 - Statistik-Programmsystem für die Sozialwissenschaften. Stuttgart (Fischer): 300 S.

BÖCKER R., KOWARIK I., BORNKAMM R., 1983: Untersuchungen zur Anwendung der Zeigerwerte nach Ellenberg. Verh. Ges. Ökologie 11: 35-56.

BRAUN-BLANQUET J., 1964: Pflanzensoziologie - Grundzüge der Vegetationskunde. Wien (Springer): 865 S.

BREDEMEIER M., DOHRENBUSCH A., 1984: Ausbreitung der Drahtschmiele (Avenella flexuosa P.) in Fichtenaltbeständen. Allg. Forst- Jagdzeitung 156: 41-47.

BRÜMMER G., TILLER K. G., HERMS U., CLAYTON P. M., 1983: Adsorption - Desorption and/ or precipitation - dissolution processes of zinc in soils. Geoderma 31: 337-354.

BÜCKING W., 1981: Kulturversuche an azidophytischen Waldbodenpflanzen mit variierter Stickstoff-Menge und Stickstoff-Form I. Mitt. Ver. Forstl. Standortsk. Forstpflanzenzüchtung 29: 41-68.

BÜCKING W., 1983: Kulturversuche an azidophytischen Waldbodenpflanzen mit variierter Stickstoff-Menge und Stickstoff-Form II. Mitt. Ver. Forstl. Standortsk. Forstpflanzenzüchtung 30: 40-53.

BÜCKING W., DIETERICH H., 1981: Beziehungen einiger Standortweiser-Pflanzen zu chemisch-analytischen Kennwerten des Oberbodens. Mitt. Ver. Forstl. Standortsk. Forstpflanzenzüchtung 29: 69-73.

BÜKER R., 1939: Die Pflanzengesellschaften des Meßtischblattes Lengerich in Westfalen. Abh. Westf. Landesm. Naturk. 1: 38-40.

BURRICHTER E., 1953: Die Wälder des Meßtischblattes Iburg - Teutoburger Wald. Abh. Westf. Landesm. Naturk. 15: 7-19.

BURRICHTER E., 1973: Die potentielle natürliche Vegetation in der Westfälischen Bucht. Siedlung u. Landschaft in Westfalen 8: 58 S.

BUTZKE H., 1981: Versauern unsere Wälder? Erste Ergebnisse der Überprüfung 20 Jahre alter pH-Wert-Messungen in Wäldern Nordrhein-Westfalens. Der Forst- u. Holzwirt 36: 542-548.

DIEMONT W. H., 1938: Zur Soziologie und Synökologie der Buchen- und Buchenmischwälder der nordwestdeutschen Mittelgebirge. Mitt. flor. soz. Arbeitsgem 4: 5-182.

ELLENBERG H., 1953: Physiologisches und ökologisches Verhalten derselben Pflanzenarten. Ber. Deutsch. Bot. Ges. 65: 351-362.

ELLENBERG H., 1956: Grundlagen der Vegetationsgliederung. In: WALTER H. (Hrsg.): Einführung in die Phytologie IV/1. Stuttgart (Ulmer): 136 S.

ELLENBERG H., 1958: Bodenreaktion (einschließlich Kalkfrage). In: RUHLAND W. (Hrsg.): Handbuch der Pflanzenphysiologie, Bd. IV. Berlin/ Heidelberg (Springer): 638-708.

ELLENBERG H., 1972: Belastung und Belastbarkeit von Ökosystemen. Verh. Ges. Ökologie 1: 19-26.

ELLENBERG H., 1979: Zeigerwerte der Gefäßpflanzen Mitteleuropas. 2. Aufl., Scripta Geobotanica 9: 122 S.

ELLENBERG H. jun., 1985: Veränderungen der Flora Mitteleuropas unter dem Einfluß von Düngung und Immissionen. Schweiz. Z. Forstwesen 136: 19-39.

ELLENBERG H. jun., 1986: Veränderung von Artenspektren unter dem Einfluß von düngenden Immissionen und ihre Folgen. Allg. Forst Zeitschrift 41: 466-467.

ELLING W., REHFUESS K. F., 1984: Vorschlag eines Standardverfahrens für die physikalische und chemische Kennzeichnung von Waldböden. Allg. Forst Zeitschrift 39: 785-787.

ERNST W.H.O., JOOSSE E.N.G., 1983: Umweltbelastung durch Mineralstoffe. Jena (Fischer): 234 S.

EVERS F. H., 1983: Orientierende Untersuchungen langfristiger Bodenreaktionsänderungen in südwestdeutschen Düngungs-Versuchsflächen. Der Forst- u. Holzwirt 38: 317-320.

FISCHER A., 1982: Zur Diversität von Pflanzengesellschaften. - Ein Vergleich von Gesellschaftskomplexen der Böschungen im Rebgelände. Tuexenia 2: 219-232.

FISCHER W. R., FECHTER H., 1982: Analytische Bestimmung und Fraktionierung von Cu, Zn, Pb, Cd, Co und Ni in Böden. Z. Pflanzenernaehr. Bodenk. 145: 151-160.

FOY C. D., 1983: The physiology of plant adaption to mineral stress. Iowa State J. of Res. 57: 355-391.

GIGON A., 1983: Über das biologische Gleichgewicht und seine Beziehungen zur ökologischen Stabilität. Ber. Geobot. Inst. ETH Zürich 50: 149-177.

GLATZEL G., KAZDA M., LINDEBUER L., 1986: Die Belastung von Buchenwaldökosystemen durch Schadstoffdeposition im Nahbereich städtischer Ballungsgebiete - Untersuchungen im Wienerwald. Düsseldorfer Geobot. Kolloq. 3: 15-32.

GLAVAC V., 1986: Die Abhängigkeit der Schwermetalldeposition in Waldbeständen von der Höhenlage. Natur und Landschaft 61: 43-47.

GLAVAC V., JOCHHEIM H., KOENIES H., RHEINSTÄDTER R., SCHÄFER H., 1985: Einfluß des Stammablaufwassers auf den Boden im Stammfußbereich von Altbuchen in unterschiedlich immissionsbelasteten Gebieten. Allg. Forst Zeitschrift 40: 1397-98.

GLAVAC V., KOENIES H., 1986: Kleinräumige Verteilung der pflanzenaufnehmbaren Mineralstoffe in den vom Stammablaufwasser beeinflußten Bodenbereichen alter Buchen verschiedener Waldgesellschaften. Düsseldorfer Geobot. Kolloq. 3: 3-13.

GODT J., MAYER R., GEORGI B., 1985: Die Interceptionsdeposition als wichtiger Faktor der Schwermetallbelastung von Waldökosystemen. VDI-Berichte 560: 333-356.

GRENZIUS R., 1984: Starke Versauerung der Waldböden Berlins. Forstwiss. Centralblatt 103: 131-139.

GRIME J. P. , HODGSON J. G., 1969: An investigation of the ecological significance of lime-chlorosis by means of large-scale comparative experiments. In: RORISON I. H. (Hrsg.): Ecological Aspects of the Mineral Nutrition of Plants. Oxford (Blackwell): 67-99.

HACKETT C., 1964: Ecological aspects of the nutrition of Deschampsia flexuosa. I. The effect of aluminium, manganese and pH on germination. J. Ecology 52: 159-167.

HACKETT C., 1965: Ecological aspects of the nutrition of Deschampsia flexuosa. II. The effect of Al, Ca, Fe, K, N, P, and pH on the growth of seedlings and established plants. J. Ecology 53: 299-314.

HACKETT C., 1967: Ecological aspects of the nutrition of Deschampsia flexuosa. III. Investigation of phosphorus requirement and response to Al in water culture and a study of growth in soil. J. Ecology 55: 831-840.

HAEUPLER H., 1982: Evenness als Ausdruck der Vielfalt in der Vegetation - Untersuchungen zum Diversitäts-Begriff. Dissertationes Botanicae 65: 268 S.

HENRICHFREISE A., 1976: Aluminium- und Mangantoleranz von Pflanzen saurer und basischer Böden. Dissertation, Universität Münster: 93 S.

HENRICHFREISE A., 1981: Aluminiumtoleranz von Luzula albida und Milium effusum, Pflanzen saurer und basischer Laubwaldböden. Acta Oecol./ Oecol. Plant. 2: 87-100.

HERMS U., BRÜMMER G., 1980: Einfluß der Bodenreaktion auf Löslichkeit und tolerierbare Gesamtgehalte an Nickel, Kupfer, Zink, Cadmium und Blei in Böden und kompostierten Siedlungsabfällen. Landwirtschaftl. Forschung 33: 408-423.

HÖHNE H., FIEDLER H. J., ILGEN G., 1981: Untersuchungen über den Mineralstoffgehalt von Deschampsia flexuosa (L.) p.B. als Bestandteil von Fichtenwald - Ökosystemen. Flora 173: 199-215.

HÖNNEKES H., 1934: Über die Beziehung zwischen der Azidität und dem Vorkommen einiger Standortspflanzen des Buchenwaldes. Beitr. Biologie Pflanzen 22: 155-197.

HORAK O., 1983: Die Beziehung zwischen der pflanzlichen Aufnahme einiger Mikroelemente und deren wasserlöslichen Anteil im Boden. Landwirtschaftl. Forschung 39: 404-414.

JOCHHEIM H., 1985: Der Einfluß des Stammablaufwassers auf den chemischen Bodenzustand und die Vegetationsdecke in Altbuchenbeständen verschiedener Waldgesellschaften. Ber. Forschungszentrum Waldökosysteme/-Waldsterben 13: 225 S.

JOWETT G. H., SCURFIELD G., 1949: A statistical investigation into the distribution of Holcus mollis and Deschampsia flexuosa. J. Ecology 37: 68-81.

KINZEL H., 1982: Pflanzenökologie und Mineralstoffwechsel. Stuttgart (Ulmer): 534 S.

KLAUS G., LIEBSCHER H., 1976: Wörterbuch der Kybernetik. 4. Aufl., Ostberlin (Dietz): 1044 S.

KLEBINGAT G., 1967: Die Kenntnis der Biologie forstlicher Unkräuter als Grundlage für einen gezielten Herbizideinsatz. Archiv Forstwesen 16: 751-755.

KOENIES H., 1982: Über die Eigenart der Mikrostandorte im Fußbereich der Altbuchen unter besonderer Berücksichtigung der Schwermetallgehalte in der organischen Auflage und im Oberboden - Eine vegetations- und landschaftsökologische Studie. Ber. Forschungszentrum Waldökosysteme/ Waldsterben 9: 288 S.

KREEB K. H., 1983: Vegetationskunde - Methoden und Vegetationsformen. Stuttgart (Ulmer): 331 S.

LIENENBECKER H., 1971: Die Pflanzengesellschaften im Raum Bielefeld - Halle. Ber. Naturwissenschaftl. Ver. Bielefeld 20: 67-170.

LÖTSCHERT W., 1952: Vegetation und pH-Faktor auf kleinstem Raum in Kiefern- und Buchenwäldern auf Kalksand, Löß und Granit. Biol. Zentralblatt 71: 327-348.

LÖTSCHERT W., 1959: Kalkpflanzen auf saurem Untergrund - ein Beitrag zur Frage der relativen Standortskonstanz. Flora 147: 417-428.

LUND Z. F., 1970: The effect of calcium and its relation to some other cation on soybean root growth. Soil Sci. Soc. Amer. Proc. 34: 456-459.

MARTIN M. H., 1968: Conditions affecting the distribution of Mercurialis perennis L. in certain Cambridgeshire woodlands. J. Ecology 56: 777-793.

MATZNER E., ULRICH B., 1984: Raten der Deposition der internen Produktion und des Umsatzes von Protonen in zwei Waldökosystemen. Z. Pflanzenernaehr. Bodenk. 147: 290-308.

MATZNER E., ULRICH B., MURACH D., 1985: Zur Beteiligung des Bodens am Waldsterben. Staub Reinhaltung Luft 45: 278-284.

MAYER R., 1981: Natürliche und anthropogene Komponenten des Schwermetallhaushaltes von Waldökosystemen. Göttinger Bodenk. Ber. 70: 292 S.

MAYER R., HEINRICHS H., 1981: Gehalte von Haupt- und Spurenelementen in den Wurzeln von Waldbäumen und -kräutern auf unterschiedlichen Böden. Z. Pflanzenernaehr. Bodenk. 144: 637-646.

MEISEL S., 1959: Bielefelder Osning. In: MEYNEN F. (Hrsg.): Handbuch der naturräumlichen Gliederung Deutschlands. Remagen: 788-789.

MEIWES K. J., KÖNIG N., KHANNA P. K., PRENZEL J., ULRICH B., 1984: Chemische Untersuchungsverfahren für Mineralboden, Auflagehumus und Wurzeln zur Charakterisierung und Bewertung der Versauerung in Waldböden. Ber. Forschungszentrum Waldökosysteme/—Waldsterben 7: 67 S.

MUELLER-DOMBOIS D., ELLENBERG H., 1974: Aims and methods of vegetation ecology. New York (Wiley and Sons): 547 S.

NAGEL P., 1976: Die Darstellung der Diversität von Biozönosen. Schriftenreihe Vegetationsk. 10: 381-391.

NAGEL P., SCHÄFER A., 1978: Die biotische Diversität als Faktor der Systemanalyse. Amazoniana 6: 329-345.

NEITE H., im Druck: Veränderungen des Kationenaustauschersystems in den Böden der Stammfußbereiche von Buchen. Verh. Ges. Ökologie 16.

NEITE H., RUNGE M., 1986: Kleinräumige Differenzierung von Vegetation und Boden durch den Stammablauf in einem Buchenwald auf Kalkgestein. Abh. Westf. Landesm. Naturk. 48: 303-316.

NEITE H., WITTIG R., 1985: Korrelation chemischer Bodenfaktoren mit der floristischen Zusammensetzung der Krautschicht im Stammfußbereich von Buchen. Acta Oecol./ Oecol. Plant. 6: 375-385.

NEITZKE M., RUNGE M., 1985: Keimlings- und Jungpflanzenentwicklung der Buche (Fagus sylvatica L.) in Abhängigkeit vom Al/Ca-Verhältnis des Bodenextraktes. Flora 177: 237-249.

N. N., 1982: Klärschlammverordnung - AbfKläV vom 25.06.1982. Bundesgesetzblatt Teil II: 734-739.

OBERDORFER E., 1983: Pflanzensoziologische Exkursionsflora. 5. Aufl., Stuttgart (Ulmer): 1051 S.

OLSEN C., 1923: Studies on the hydrogen ion concentration of the soil and its significance to the vegetation, especially to the natural dirtribution of plants. Compt. Rend. Trav. Lab. Carlberg 15: 1-164.

PEER H., 1976: Experimentelle Untersuchungen über die Konkurrenzkraft von Forstunkräutern. Forstwiss. Centralblatt 95: 146-165.

PIELOU E. C., 1969: An introduction to mathematical ecology. New York (Wiley): 286 S.

ROST-SIEBERT K., 1985: Untersuchungen zur H- und Al-Ionen-Toxizität an Keimpflanzen von Fichte (Picea abies Karst.) und Buche (Fagus sylvatica L.) in Lösungskultur. Ber. Forschungszentrum Waldökosysteme/- Waldsterben 12: 219 S.

RUNGE M., 1983: Zum Einfluß des Aluminiums auf die floristische Zusammensetzung von Waldgesellschaften des Münsterlandes. Verh. Ges. Ökologie 11: 339-350.

SACHS L., 1984: Angewandte Statistik. 6. Aufl., Berlin/ Heidelberg (Springer): 552 S.

SCHÄFER H., 1986: Streuabbauverzögerung durch Akkumulation von Schadstoffen in Buchenwäldern. Verh. Ges. Ökologie 14: 309-318.

SCHEFFER F., SCHACHTSCHABEL P., 1982: Lehrbuch der Bodenkunde. 11. Aufl., Stuttgart (Enke): 394 S.

SCHLICHTING E., BLUME H. P., 1966: Bodenkundliches Praktikum. Hamburg (Parey): 209 S.

SCHÖNHAR S., 1952: Untersuchungen über die Korrelation zwischen der floristischen Zusammensetzung der Bodenvegetation und der Bodenazidität sowie anderer chemischer Bodenfaktoren. Mitt. Ver. Forstl. Standortskartierung 2: 1-23.

SCHRETZENMAYER M., 1969: Beobachtungen zum Auftreten von Deschampsia flexuosa im Altbestand und auf der Kahlfläche. Archiv Forstwesen 18: 555-560.

SCHUBERT R., 1977: Ausgewählte pflanzliche Bioindikatoren zur Erfassung ökologischer Veränderungen in terrestrischen Ökosystemen durch anthropogene Beeinflussung unter besonderer Berücksichtigung industrieller Ballungsgebiete. Hercynia 14: 399-412.

SCHULTE A., 1985: Veränderungen bodenchemischer Parameter im Stammfußbereich von Buchenwaldökosystemen auf Kalk und Basalt. Diplomarbeit, Univ. Göttingen, Forstlicher Fachbereich.

SCURFIELD G., 1954: Biological flora of the British Isles. Deschampsia flexuosa. J. Ecology 42: 225-233.

SHANNON C. E., 1976: Die mathematische Theorie der Kommunikation. In: SHANNON C. E., WEAVER W. (Hrsg.): Mathematische Grundlagen der Informationstheorie. München (Oldenbourg): 41-143.

SKEEN J. R., 1929: The tolerance limit of seedlings for aluminium and iron and its antagonism of calcium. Soil Science 27: 69-80.

STÖCKER G., BERGMANN A., 1977: Ein Modell zur Dominanzstruktur und seine Anwendung. 1.Modellbildung, Modellrealisierung, Dominanzklassen. Archiv Naturschutz Landschaftsforschung 17: 1-26.

STÖCKER G., 1977: Ein Modell der Dominazstruktur und seine Anwendung. 2.Bioindikation, allgemeine Ergebnisse. Archiv Naturschutz Landschaftsforschung 17: 89-118.

STUGREN B., 1978: Grundlagen der allgemeinen Ökologie. 2. Aufl., Stuttgart (Fischer): 312 S.

TREPL L., 1982: Zur anthropogenen Beeinträchtigung stadtnaher Wälder. Das Beispiel der Eilenriede bei Hannover. Tuexenia 2: 195-208.

ULRICH B., 1966: Kationenaustausch-Gleichgewichte in Böden. Z. Pflanzenernaehr. Bodenk. 113: 141-159.

ULRICH B., 1981: Ökologische Gruppierung von Böden nach ihrem chemischen Bodenzustand. Z. Pflanzenernaehr. Bodenk. 144: 289-305.

ULRICH B., MAYER R., KHANNA P. K., 1979: Deposition von Luftverunreinigungen und ihre Auswirkungen in Waldökosystemen im Solling. Schriftenreihe Forstl. Fak. Univ. Göttingen 58: 291 S.

ULRICH B., MEIWES K. J., KÖNIG K., KHANNA P. K., 1984: Untersuchungsverfahren und Kriterien zur Bewertung der Versauerung und ihre Folgen in Waldböden. Der Forst- u. Holzwirt 39: 278-286.

WERNER W., WITTIG R., 1986: Die Böden des Flattergras-Buchenwaldes der Westfälischen Bucht. Abh. Westf. Landesm. Naturk. 48: 317-340.

WITTIG R., 1986: Veränderungen in der Krautschicht von Buchenwäldern. UBA-Texte 17/86: 209-217.

WITTIG R., WERNER W., 1986: Beiträge zur Belastungssituation des Flattergras-Buchenwaldes der Westfälischen Bucht. Düsseldorfer Geobot. Kolloq. 3: 33-70.

ZEZSCHWITZ E. v., 1968: Beziehungen zwischen dem C/N-Verhältnis der Waldhumusformen und dem Basengehalt des Bodens. Fortschr. Geol. Rheinl. Westf. 16: 143-174.

ZEZSCHWITZ E. v., 1980: Analytische Kennwerte typischer Humusformen westfälischer Bergwälder. Z. Pflanzenernaehr. Bodenk. 143: 692-700.

ZEZSCHWITZ E. v., 1982: Akute Bodenversauerung in den Kammlagen des Rothaargebirges. Der Forst- u. Holzwirt 37: 275-276.

WOOLHOUSE H. W., 1966: The effect of bicarbonate on the uptake of iron in four related grasses. New Phytologist 65: 372-376.

TABELLENANHANG

Tab.11: Die Mächtigkeiten (in cm) der organischen Auflagen (O_L, O_F) und des Mineralbodens (A_h); für jede Untersuchungsfläche ist der Mittelwert aus 10 Einzelmessungen angegeben.

Nr	VERGLEICH			UEBERGANG			SCHUERZE		
	O_L	O_F	A_h	O_L	O_F	A_h	O_L	O_F	A_h
01	4.3	0.4	6.8	2.1	1.4	7.8	0.7	0.3	7.8
02	4.3	0.5	9.7	3.6	1.1	9.7	1.4	0.3	8.4
03	4.1	0.1	7.9	4.5	1.6	6.5	0.6	0.4	7.2
04	4.8	0.3	12.1	3.6	1.7	9.7	0.6	0.3	9.6
05	7 0	0.7	7.4	5.5	1.1	6.7	0.5	0.4	8.0
06	4.9	0.5	7.9	5.1	1.5	8.2	0.5	0.4	7.1
07	5.1	0.2	5.9	5.2	1.3	5.8	0.5	0.4	7.0
08	5.7	0.1	10.1	5.7	1.0	9.3	0.6	0.5	8.6
09	3.6	0.1	10.2	3.5	0.8	9.8	0.6	0.5	9.1
10	3.4	0.0	4.2	4.0	0.9	6.1	1.1	0.3	4.9
11	5.3	0.2	6.2	2.9	0.8	5.6	0.9	0.3	6.2
12	2.8	0.1	4.8	1.9	0.5	6.7	0.3	0.1	4.8
13	5.6	0.2	10.4	3.3	1.2	9.3	1.3	0.8	7.1
14	5.6	0.4	8.5	2.8	2.6	7.3	1.0	0.4	7.0
$\bar{x}$	4.8	0.3	8.0	3.8	1.3	7.8	0.8	0.4	7.3
s	1.1	0.2	2.3	1.2	0.5	1.6	0.3	0.2	1.4

Tab.12: Kohlenstoff(C)- und Stickstoff(N)-Gesamtgehalte (in % des Trockenbodens), sowie C/N-Verhältnisse in den Böden der drei Probenahmestellen.

Nr	---VERGLEICH----			---UEBERGANG----			----SCHUERZE----		
	C	N	C/N	C	N	C/N	C	N	C/N
01	8.5	0.60	14.3	9.7	0.51	19.0	8.5	0.53	16.1
	8.9	0.67	13.3	7.3	0.48	15.3	7.9	0.51	15.6
02	12.0	0.95	12.6	9.9	0.59	16.9	15.6	0.82	19.2
	12.5	1.03	12.1	7.7	0.51	15.0	16.8	0.85	19.8
03	9.1	0.71	12.8	8.9	0.58	15.3	5.9	0.44	13.3
	9.5	0.77	12.4	9.0	0.64	14.0	7.5	0.56	13.3
04	5.9	0.46	12.7	10.4	0.58	18.0	8.5	0.46	18.5
	7.5	0.58	12.8	7.3	0.46	16.0	8.5	0.50	16.8
05	6.4	0.41	15.6	15.8	0.80	19.8	11.6	0.57	20.3
	6.6	0.44	15.0	9.9	0.51	19.4	14.8	0.71	20.8
06	13.2	0.93	14.2	21.0	1.05	20.1	10.8	0.60	18.0
	13.3	0.91	14.5	16.9	0.96	17.5	15.8	0.83	19.1
07	8.9	0.57	15.6	17.3	0.92	18.9	16.3	0.98	16.6
	9.8	0.73	13.4	13.2	0.79	16.8	22.5	1.12	20.1
08	7.8	0.59	13.1	12.1	0.73	16.6	7.8	0.58	13.5
	10.8	0.77	14.0	11.0	0.70	15.8	10.1	0.71	14.4
09	4.9	0.35	14.1	6.0	0.39	15.4	18.4	0.89	20.7
	7.3	0.52	14.0	9.6	0.57	16.9	10.3	0.49	21.1
10	8.1	0.55	14.8	15.5	0.83	18.5	8.0	0.51	15.7
	9.5	0.63	15.1	11.0	0.66	16.7	11.1	0.66	16.9
11	6.6	0.46	14.2	12.5	0.72	17.2	7.5	0.44	17.2
	7.0	0.47	14.9	10.4	0.65	16.1	7.1	0.45	15.8
12	5.7	0.40	14.3	11.9	0.68	17.7	8.0	0.40	20.1
	9.5	0.67	14.2	12.5	0.68	18.4	16.6	0.73	22.8
13	8.4	0.61	13.7	10.0	0.61	16.5	7.3	0.44	16.8
	8.6	0.64	13.4	6.7	0.51	13.0	13.6	0.75	18.0
14	7.0	0.47	14.7	13.6	0.76	18.1	8.6	0.46	18.6
	9.5	0.75	12.7	12.1	0.75	16.1	9.4	0.53	17.7
$\bar{x}$	8.7	0.63	13.9	11.4	0.67	16.9	11.2	0.63	17.7
s	2.2	0.18	1.0	3.5	0.16	1.7	4.3	0.19	2.5

Tab.13: $pH(CaCl_2)$-, $pH(H_2O)$- und $pH(NH_4Cl)$-Werte in den Böden der drei Probenahmestellen.

Nr	-----$pH(CaCl_2)$----			------$pH(H_2O)$-----			-----$pH(NH_4Cl)$----		
	VER	UEB	SCH	VER	UEB	SCH	VER	UEB	SCH
01	6.83	3.35	3.01	8.09	4.03	3.70	6.11	3.23	2.86
	7.06	4.18	3.12	7.81	4.53	3.80	6.24	3.58	2.98
02	5.20	3.30	2.86	4.92	3.82	3.51	4.17	3.21	2.86
	5.82	3.54	2.98	6.38	4.01	3.62	5.47	3.35	2.91
03	5.24	3.08	2.77	5.01	3.68	3.53	4.03	3.00	2.76
	5.96	3.75	2.90	5.92	4.29	3.59	4.31	3.54	2.82
04	4.46	3.02	2.84	4.64	3.73	3.60	3.61	3.02	2.78
	5.86	3.34	2.95	6.36	4.94	3.66	4.23	3.34	2.89
05	4.15	3.04	2.92	4.28	3.60	3.57	3.50	2.96	2.83
	4.76	3.14	2.96	4.56	3.66	3.57	3.81	3.05	2.92
06	4.10	2.80	2.72	4.22	3.38	3.45	3.50	2.80	2.69
	5.39	3.00	2.93	5.43	3.55	3.53	4.53	2.91	2.79
07	4.51	3.11	2.91	4.20	3.76	3.53	3.72	3.12	2.84
	5.75	3.45	3.04	5.89	3.94	3.50	4.34	3.25	2.97
08	4.55	2.88	2.82	4.57	3.61	3.64	3.66	2.81	2.74
	6.27	3.18	2.90	6.64	3.77	3.65	5.69	3.07	2.81
09	4.73	3.21	2.89	4.52	3.74	3.60	3.60	3.11	2.86
	5.59	3.74	3.04	4.30	4.10	3.59	4.10	3.46	2.94
10	4.79	3.24	2.90	4.58	3.82	3.64	3.84	3.13	2.87
	5.69	3.71	3.02	5.28	4.18	3.70	4.28	3.54	2.96
11	4.24	3.18	2.86	4.42	3.74	3.62	3.55	3.09	2.85
	4.82	3.61	2.98	4.25	3.95	3.65	3.79	3.28	2.89
12	3.73	3.04	2.93	3.88	3.61	3.65	3.40	3.02	2.90
	4.12	3.13	3.06	4.29	3.67	3.59	3.62	3.09	2.98
13	4.01	3.22	2.77	4.20	3.82	3.53	3.57	3.19	2.83
	4.69	4.05	2.92	4.66	4.26	3.48	3.97	3.62	2.91
14	3.61	2.78	2.76	4.01	3.43	3.53	3.34	2.84	2.81
	4.32	3.02	2.90	4.42	3.58	3.62	3.78	3.00	2.95
$\bar{x}$	4.42	3.18	2.91	4.50	3.77	3.59	3.80	3.11	2.86

Tab.14: Wasserlösliche Gehalte (in ppm) einiger Kationen in den Böden der drei Probenahmestellen.

Nr	VERGLEICH					UEBERGANG					SCHUERZE				
	Ca	Al	Fe	Pb	H	Ca	Al	Fe	Pb	H	Ca	Al	Fe	Pb	H
01	112.4	0.10	0.45	0.01	0.00	22.5	2.70	1.55	0.33	0.47	11.5	1.05	1.65	0.15	1.00
	127.6	0.20	0.40	0.01	0.00	38.1	1,75	1,30	0.05	0.15	11.6	0.75	0.95	0.11	0.79
02	150.6	0.55	0.45	0.04	0.06	26.6	8.35	2.95	0.24	0.76	16.9	2.35	2.90	0.28	1.55
	148.2	0.05	0.40	0.02	0.00	36.0	5.10	1.90	0.23	0.49	12.5	1.75	2.40	0.23	1.05
03	100.9	0.40	0.85	0.03	0.05	20.9	3.10	2.85	0.27	1.05	12.8	1.15	2.85	0.20	1.48
	100.8	0.40	0.85	0.03	0.05	58.5	4.55	2.50	0.18	0.26	17.3	1.15	2.10	0.24	1.29
04	53.9	1.25	1.60	0.07	0.12	12.6	1.95	2.10	0.23	0.93	11.9	0.80	1.15	0.19	1.26
	81.8	0.20	1.15	0.03	0.00	21.8	2.55	1.20	0.18	0.06	13.8	1.25	1.40	0.24	1.09
05	38.5	6.30	2.10	0.21	0.26	11.0	2.75	2.75	0.20	1.26	13.1	1.15	1.90	0.20	1.37
	55.0	4.25	1.20	0.19	0.14	13.3	3.10	2.75	0.20	1.09	14.4	1.70	2.20	0.25	1.37
06	94.5	4.15	1.45	0.18	0.30	22.6	2.55	4.40	0.35	2.08	13.7	1.15	1.40	0.20	1.77
	104.6	0.30	0.40	0.04	0.02	31.6	3.10	2.50	0.24	1.41	23.6	1.50	1.85	0.21	1.48
07	52.7	6.70	1.35	0.13	0.32	19.5	2.55	1.70	0.19	0.87	29.4	2.15	2.10	0.21	1.48
	95.6	0.40	0.35	0.04	0.00	44.2	6.50	3.40	0.21	0.57	38.4	2.65	3.95	0.21	1.58
08	74.1	2.85	1.55	0.07	0.14	10.6	1.90	2.10	0.19	1.23	7.3	0.95	1.25	0.19	1.15
	120.6	0.20	0.40	0.02	0.00	24.5	2.90	1.55	0.14	0.85	14.4	1.90	2.30	0.13	1.12
09	31.9	2.05	0.65	0.07	0.15	13.9	2.65	1.55	0.16	0.91	9.0	1.00	1.45	0.12	1.26
	50.3	1.05	0.50	0.02	0.25	33.3	4.85	1.60	0.13	0.40	17.4	1.75	1.70	0.14	1.29
10	48.3	2.80	1.10	0.10	0.13	16.4	4.30	3.30	0.29	0.76	12.3	1.00	1.25	0.12	1.15
	75.3	0.45	0.50	0.02	0.03	33.6	3.45	2.00	0.16	0.33	15.8	1.60	1.85	0.17	1.00
11	56.2	2.90	0.85	0.07	0.19	26.7	3.05	1.60	0.15	0.91	10.9	0.85	1.00	0.12	1.20
	44.9	1.10	0.45	0.11	0.28	63.0	5.85	2.10	0.14	0.56	15.5	1.10	0.85	0.18	1.20
12	29.1	2.75	0.70	0.11	0.66	15.8	2.75	1.35	0.23	1.23	8.0	1.00	1.20	0.18	1.20
	75.5	5.45	1.05	0.18	0.26	29.5	2.35	1.10	0.20	1.07	14.8	1.60	1.85	0.25	1.29
13	90.8	7.00	1.35	0.13	0.32	30.7	3.75	2.10	0.24	0.76	13.2	1.10	1.45	0.19	1.48
	106.5	2.35	1.05	0.07	0.11	61.6	3.65	0.95	0.09	0.28	15.5	2.10	4.40	0.24	1.66
14	37.7	4.50	2.00	0.19	0.49	12.2	2.70	3.60	0.20	1.86	10.3	1.25	1.45	0.15	1.48
	67.0	1.95	0.60	0.13	0.19	22.6	3.15	1.75	0.16	1.32	11.6	1.55	1.65	0.14	1.20
$\bar{x}$	79.5	2.24	0.92	0.08	0.16	27.6	3.50	2.16	0.20	0.85	14.9	1.40	1.86	0.19	1.29
s	34.3	2.19	0.51	0.06	0.16	14.7	1.50	0.84	0.07	0.49	6.4	0.49	0.84	0.05	0.22

Tab.15: Molare Al/Ca-, Fe/Ca- und H/Ca-Verhältnisse in den Böden der drei Probenahmestellen.

Nr	----VERGLEICH-----			----UEBERGANG-----			-----SCHUERZE-----		
	Al/Ca	Fe/Ca	H/Ca	Al/Ca	Fe/Ca	H/Ca	Al/Ca	Fe/Ca	H/Ca
01	0.001	0.003	0.0	0.178	0.048	0.83	0.136	0.103	3.46
	0.002	0.002	0.0	0.068	0.024	0.16	0.096	0.059	2.71
02	0.005	0.002	0.02	0.466	0.080	1.14	0.207	0.123	3.65
	0.001	0.002	0.0	0.210	0.038	0.54	0.208	0.138	3.34
03	0.006	0.006	0.02	0.220	0.098	2.00	0.133	0.160	4.60
	0.006	0.007	0.0	0.116	0.031	0.18	0.099	0.087	2.97
04	0.034	0.021	0.09	0.230	0.120	2.94	0.100	0.069	4.21
	0.004	0.010	0.0	0.174	0.040	0.11	0.135	0.073	3.14
05	0.243	0.039	0.27	0.371	0.179	4.56	0.130	0.104	4.16
	0.115	0.016	0.10	0.346	0.148	3.26	0.175	0.110	3.78
06	0.065	0.011	0.17	0.168	0.140	3.66	0.125	0.073	5.14
	0.004	0.003	0.01	0.146	0.057	1.77	0.094	0.056	2.49
07	0.189	0.018	0.24	0.194	0.063	1.77	0.109	0.051	2.00
	0.006	0.003	0.0	0.218	0.055	0.51	0.103	0.074	1.64
08	0.057	0.015	0.08	0.266	0.142	4.61	0.193	0.123	6.26
	0.002	0.002	0.0	0.176	0.045	1.38	0.196	0.115	3.09
09	0.095	0.015	0.19	0.283	0.080	2.60	0.165	0.116	5.57
	0.031	0.007	0.20	0.216	0.034	0.48	0.147	0.070	2.95
10	0.086	0.016	0.11	0.389	0.144	1.84	0.121	0.073	3.72
	0.009	0.005	0.02	0.153	0.043	0.39	0.150	0.084	2.52
11	0.077	0.011	0.13	0.170	0.043	1.36	0.116	0.066	4.38
	0.036	0.007	0.25	0.138	0.024	0.35	0.105	0.039	3.08
12	0.140	0.017	0.90	0.259	0.061	3.10	0.186	0.108	5.96
	0.107	0.010	0.14	0.118	0.027	1.44	0.161	0.065	3.47
13	0.115	0.011	0.14	0.181	0.049	0.98	0.124	0.079	4.46
	0.033	0.007	0.04	0.088	0.011	0.18	0.201	0.204	4.26
14	0.177	0.038	0.52	0.329	0.212	6.06	0.180	0.101	5.71
	0.043	0.006	0.11	0.207	0.056	2.32	0.178	0.102	4.11
$\bar{x}$	0.060	0.011	0.13	0.217	0.075	1.80	0.146	0.094	3.82
s	0.066	0.010	0.19	0.094	0.053	1.50	0.038	0.035	1.17

Tab.16: NH_4Cl-lösliche Gehalte (in ppm) einiger Kationen in den Böden der drei Probenahmestellen.

Nr	VERGLEICH									UEBERGANG									SCHUERZE								
	Ca	Mg	K	Al	Fe	Mn	Zn	Pb	H	Ca	Mg	K	Al	Fe	Mn	Zn	Pb	H	Ca	Mg	K	Al	Fe	Mn	Zn	Pb	H
01	8335	227	243	1	1	11	1	1	0	858	74	195	1050	42	60	16	188	7	545	98	207	800	136	19	14	114	17
	9010	181	214	1	1	7	1	1	0	3070	189	299	755	2	269	35	36	3	930	151	324	1000	90	57	32	111	13
02	7220	151	284	6	1	201	27	1	1	809	63	151	935	7	324	22	75	7	276	29	183	560	118	46	7	174	17
	8675	162	264	1	1	48	6	1	0	713	45	189	830	3	538	17	54	5	400	60	191	385	166	26	13	176	15
03	6035	155	170	9	2	142	22	1	1	490	42	132	810	62	61	11	100	12	541	54	185	390	116	33	11	103	22
	7685	152	161	3	2	57	7	1	1	1993	70	195	435	3	306	25	39	3	644	74	187	540	122	43	14	122	19
04	4265	171	281	376	3	220	52	21	3	452	62	181	1220	47	121	15	162	12	430	59	213	825	107	42	14	147	21
	7545	225	259	2	2	40	14	1	1	708	53	197	1380	7	144	24	108	5	352	45	198	1310	84	44	13	148	16
05	2091	112	126	564	4	213	32	44	4	352	52	166	645	136	15	11	170	14	500	57	191	570	140	20	13	149	18
	4700	145	97	87	2	128	42	15	2	347	45	127	875	53	38	8	112	11	279	42	185	395	127	12	10	229	15
06	6375	206	218	395	3	307	40	43	4	558	82	207	1245	169	25	16	212	20	650	114	243	1465	123	39	18	144	26
	9995	251	185	4	1	59	15	1	0	1095	134	276	1945	86	133	28	143	15	1081	149	332	1235	149	37	24	188	20
07	6840	216	136	123	2	216	46	12	2	786	76	149	945	106	41	19	188	9	1166	128	177	620	172	43	22	187	18
	9710	229	130	2	1	41	11	1	0	2365	150	151	925	10	304	41	73	6	692	67	187	345	193	28	13	163	13
08	6280	195	233	65	3	251	34	5	3	849	107	241	1130	158	35	21	203	19	917	106	265	835	156	35	20	143	23
	9270	224	250	2	1	48	5	1	0	1400	104	240	1180	11	249	23	93	10	996	114	274	940	136	47	21	146	13
09	2710	107	92	94	2	162	24	7	3	445	44	135	970	17	127	9	108	10	469	41	112	402	92	24	7	109	17
	5755	160	92	4	1	97	10	1	1	1818	89	108	420	2	381	29	25	4	399	40	177	417	104	23	8	142	14
10	5155	159	116	46	2	181	36	4	2	839	61	143	845	84	111	18	144	9	735	62	162	560	99	27	12	104	17
	7480	168	117	3	1	50	11	1	1	2885	123	171	450	11	156	33	84	3	711	54	168	715	98	21	14	158	14
11	3805	120	126	345	2	273	33	14	3	1073	72	167	965	51	118	19	137	10	523	56	155	965	72	49	13	108	18
	5665	146	150	40	1	168	34	4	2	2275	121	145	670	5	512	41	72	6	809	73	190	1040	58	59	16	156	16
12	1474	89	208	623	2	232	27	57	5	356	38	134	750	64	33	11	179	12	372	44	104	560	78	18	10	163	16
	3660	128	172	224	2	419	67	32	3	677	43	135	540	69	35	14	192	10	347	38	147	575	77	24	10	297	13
13	3645	134	265	256	2	529	56	22	3	1139	68	203	815	16	204	24	137	8	511	54	164	555	125	26	11	123	18
	5760	162	231	15	2	150	40	4	1	3330	125	167	216	1	318	66	72	3	674	56	240	406	170	32	13	205	15
14	1664	95	175	710	4	284	29	46	5	440	61	147	470	149	31	13	132	18	458	50	148	470	103	32	10	104	19
	5080	174	237	126	1	295	70	14	2	780	69	232	1030	55	115	18	103	12	455	46	190	760	64	24	11	107	14
$\bar{x}$	5924	166	187	147	2	172	28	13	2	1175	81	178	873	51	172	22	119	9	602	70	196	701	117	33	14	151	17
s	2430	43	62	210	1	126	19	17	2	879	38	47	351	52	148	12	54	5	245	34	53	304	35	12	6	44	3

Tab.17: Sättigung (in %) einiger Kationen und effektive Austauschkapazität (AK_e) in den Böden der drei Probenahmestellen.

Nr	VERGLEICH									
	Ca	Mg	K	Al	Fe	Mn	Zn	Pb	H	AK_e
01	94.2	4.2	1.4	0.0	0.0	0.1	0.0	0.0	0.0	441
	95.6	3.2	1.2	0.0	0.0	0.1	0.0	0.0	0.0	470
02	92.4	3.2	1.9	0.2	0.0	1.9	0.2	0.0	0.3	390
	95.1	2.9	1.5	0.0	0.0	0.4	0.0	0.0	0.0	455
03	92.3	3.9	1.3	0.3	0.0	1.6	0.2	0.0	0.3	326
	95.0	3.1	1.0	0.1	0.0	0.5	0.1	0.0	0.2	404
04	73.7	4.9	2.5	14.5	0.1	2.8	0.6	0.1	1.0	289
	93.0	4.6	1.6	0.1	0.0	0.4	0.1	0.0	0.2	405
05	54.1	4.8	1.7	32.5	0.1	4.0	0.5	0.2	2.1	193
	87.9	4.5	0.9	3.6	0.0	1.7	0.5	0.1	0.7	267
06	79.2	4.2	1.4	10.9	0.0	2.8	0.3	0.1	0.9	402
	94.6	3.9	0.9	0.1	0.0	0.4	0.1	0.0	0.0	527
07	88.0	4.6	0.9	3.5	0.0	2.0	0.4	0.0	0.5	388
	95.2	3.7	0.7	0.0	0.0	0.3	0.1	0.0	0.0	509
08	88.0	4.5	1.7	2.0	0.0	2.6	0.3	0.0	0.8	356
	94.5	3.8	1.3	0.0	0.0	0.4	0.0	0.0	0.0	490
09	81.2	5.3	1.4	6.3	0.1	3.5	0.4	0.0	1.8	167
	93.2	4.3	0.8	0.1	0.0	1.1	0.1	0.0	0.3	308
10	89.2	4.5	1.0	1.8	0.0	2.3	0.4	0.0	0.7	288
	94.8	3.5	0.8	0.1	0.0	0.5	0.1	0.0	0.3	394
11	74.3	3.9	1.3	15.0	0.0	3.9	0.4	0.1	1.2	256
	90.5	3.8	1.2	1.4	0.0	2.0	0.3	0.0	0.6	312
12	43.2	4.3	3.1	40.7	0.1	5.0	0.5	0.3	2.9	170
	75.1	4.3	1.8	10.2	0.0	6.3	0.8	0.1	1.2	243
13	72.1	4.4	2.7	11.3	0.0	7.6	0.7	0.1	1.2	252
	90.9	4.2	1.8	0.5	0.0	1.7	0.4	0.0	0.3	316
14	43.4	4.1	2.3	41.3	0.1	5.4	0.5	0.2	2.6	191
	83.7	4.7	2.0	4.6	0.0	3.5	0.7	0.0	0.7	303
$\bar{x}$	83.7	4.1	1.5	7.2	0.0	2.3	0.3	0.1	0.7	340
s	15.0	0.6	0.6	11.9	0.0	2.0	0:2	0.1	0.8	103

Nr	UEBERGANG									
	Ca	Mg	K	Al	Fe	Mn	Zn	Pb	H	AK_e
01	23.2	3.3	2.7	63.3	1.2	1.2	0.3	1.0	3.8	184
	55.8	5.7	2.8	30.6	0.0	3.6	0.4	0.1	1.1	275
02	23.2	3.0	2.2	59.8	0.2	6.8	0.4	0.4	4.0	174
	22.0	2.3	3.0	57.0	0.1	12.1	0.3	0.3	3.1	162
03	17.5	2.5	2.4	64.3	2.4	1.6	0.2	0.7	8.5	140
	57.2	3.3	2.9	27.8	0.1	6.4	0.4	0.2	1.7	174
04	11.9	2.7	2.5	71.8	1.3	2.3	0.2	0.8	6.3	189
	16.8	2.1	2.4	72.9	0.2	2.5	0.3	0.5	2.4	211
05	14.5	3.5	3.5	59.0	6.0	0.4	0.3	1.4	11.4	122
	12.5	2.7	2.4	70.5	2.1	1.0	0.2	0.8	7.9	138
06	13.2	3.2	2.5	65.7	4.3	0.4	0.2	1.0	9.4	211
	17.3	3.5	2.2	68.5	1.5	1.5	0.3	0.4	4.7	316
07	22.7	3.6	2.2	60.8	3.3	0.9	0.3	1.1	5.2	173
	46.0	4.8	1.5	40.1	0.2	4.3	0.5	0.3	2.3	257
08	19.8	4.1	2.9	58.7	4.0	0.6	0.3	0.9	8.8	214
	29.5	3.6	2.6	55.4	0.2	3.8	0.3	0.4	4.2	237
09	14.4	2.4	2.2	70.1	0.6	3.0	0.2	0.7	6.4	154
	54.5	4.4	1.7	28.0	0.1	8.3	0.5	0.1	2.4	167
10	25.5	3.1	2.2	57.3	2.8	2.5	0.3	0.9	5.4	164
	65.6	4.6	2.0	22.8	0.3	2.6	0.5	0.4	1.4	220
11	28.2	3.1	2.3	56.5	1.4	2.3	0.3	0.7	5.2	190
	49.7	4.4	1.6	32.6	0.1	8.2	0.5	0.3	2.6	229
12	14.1	2.5	2.7	66.0	2.7	1.0	0.3	1.4	9.4	126
	28.6	3.0	2.9	50.9	3.1	1.1	0.4	1.6	8.4	118
13	32.2	3.1	2.9	51.3	0.5	4.2	0.4	0.8	4.5	177
	74.8	4.6	1.9	10.8	0.0	5.2	0.9	0.3	1.3	222
14	19.7	4.5	3.4	46.8	7.2	1.0	0.4	1.1	16.0	112
	21.0	3.1	3.2	61.7	1.6	2.3	0.3	0.5	6.4	186
$\bar{x}$	29.7	3.4	2.5	52.9	1.7	3.2	0.4	0.7	5.5	187
s	17.8	0.9	0.5	16.7	1.9	2.9	0.1	0.4	3.5	49

Nr	SCHUERZE									
	Ca	Mg	K	Al	Fe	Mn	Zn	Pb	H	AK_e
01	17.4	5.2	3.4	57.1	4.7	0.4	0.3	0.7	10.8	156
	23.2	6.2	4.1	55.5	2.4	1.0	0.5	0.5	6.4	200
02	12.5	2.2	4.3	56.7	5.8	1.5	0.2	1.5	15.3	110
	20.1	5.0	4.9	43.1	9.0	1.0	0.4	1.7	15.0	99
03	24.5	4.0	4.3	39.4	5.7	1.1	0.3	1.0	19.8	110
	24.4	4.6	3.6	45.6	5.0	1.2	0.3	1.0	14.3	132
04	14.0	3.2	3.6	60.0	3.7	1.0	0.3	0.9	13.6	153
	9.0	1.9	2.6	74.4	2.3	0.8	0.2	0.7	8.1	196
05	19.8	3.7	3.9	50.4	6.0	0.6	0.3	1.1	14.2	126
	15.3	3.8	5.2	48.4	7.5	0.5	0.3	2.4	16.4	91
06	13.1	3.8	2.5	66.0	2.7	0.6	0.2	0.6	10.5	247
	22.1	5.0	3.5	56.3	3.3	0.6	0.3	0.7	8.1	244
07	33.6	6.1	2.6	39.8	5.3	0.9	0.4	1.0	10.3	173
	31.5	5.0	4.4	35.1	9.5	0.9	0.4	1.4	11.8	109
08	24.3	4.6	3.6	49.2	4.4	0.7	0.3	0.7	12.1	189
	24.8	4.7	3.5	52.1	3.6	0.9	0.3	0.7	9.4	201
09	23.8	3.4	2.9	45.4	5.0	0.9	0.2	1.1	17.2	98
	20.7	3.4	4.7	48.3	5.8	0.9	0.3	1.4	14.5	96
10	27.6	3.8	3.1	46.9	4.0	0.7	0.3	0.8	12.7	133
	24.4	3.1	3.0	54.6	3.6	0.5	0.3	1.0	9.5	146
11	15.6	2.8	2.4	64.3	2.3	1.1	0.2	0.6	10.7	167
	21.2	3.2	2.6	60.9	1.6	1.1	0.3	0.8	8.3	190
12	16.9	3.3	2.4	56.8	3.8	0.6	0.3	1.4	14.5	110
	15.9	2.9	3.4	58.5	3.8	0.8	0.3	2.6	11.8	109
13	20.7	3.6	3.4	50.2	5.5	0.8	0.3	1.0	14.5	123
	28.7	3.9	5.2	38.6	7.8	1.0	0.3	1.7	12.7	117
14	20.8	3.7	3.4	47.6	5.0	1.1	0.3	0.9	17.1	110
	16.8	2.8	3.6	62.4	2.5	0.6	0.2	0.8	10.3	117
$\bar{x}$	20.8	3.9	3.6	52.3	4.7	0.8	0.3	1.1	12.5	145
s	5.8	1.1	0.8	9.2	2.0	0.3	0.1	0.5	3.2	44

Tab.18: EDTA-lösliche Gehalte (in ppm) einiger Schwermetalle in den Böden der drei Probenahmestellen.

Nr	----VERGLEICH----				----UEBERGANG----				----SCHUERZE-----			
	Fe	Mn	Zn	Pb	Fe	Mn	Zn	Pb	Fe	Mn	Zn	Pb
01	780	2155	86	109	2800	205	21	506	4050	25	17	203
	725	2355	93	108	1555	1405	41	187	3495	75	39	219
02	1900	5000	264	256	2085	765	23	265	7385	75	15	398
	1710	4750	293	251	2085	1865	31	237	7075	35	14	386
03	1265	2705	147	146	3680	90	16	245	4805	135	20	162
	1230	2965	170	160	2655	1675	55	263	4910	75	18	222
04	1005	1100	76	170	4410	270	16	381	4615	60	17	237
	800	1520	161	162	3950	575	34	306	4380	75	21	296
05	1100	900	47	191	4985	20	14	415	5205	50	16	280
	840	1060	83	180	2955	75	13	259	4800	15	13	479
06	1650	1240	79	281	7390	45	21	528	5070	85	24	246
	1120	2135	180	205	4920	210	40	313	7120	75	31	391
07	1185	1250	84	169	5500	110	23	504	6225	100	30	441
	940	2080	164	164	2115	810	56	296	9995	50	14	395
08	1280	2000	88	134	5300	100	25	426	5450	85	24	239
	980	1965	121	118	3930	680	32	288	5400	105	25	288
09	745	1420	45	103	2970	410	12	271	3920	70	11	162
	765	2255	86	108	1290	1790	44	165	6860	45	8	288
10	885	1710	94	136	4415	210	22	364	3050	60	17	168
	790	2170	143	127	2880	605	47	337	4000	40	20	289
11	1115	1765	55	133	3425	205	26	329	2825	105	17	170
	1010	2025	96	133	1795	1195	54	273	3170	115	23	257
12	1185	740	36	204	3030	55	15	413	3035	25	11	239
	1335	1600	114	293	3620	55	18	418	5220	30	12	497
13	1480	1845	94	198	3190	325	31	370	4220	65	15	185
	1160	1775	133	172	1325	1630	101	184	7355	75	17	371
14	1495	895	43	177	3425	45	16	303	3590	55	13	181
	1500	2140	124	230	2450	150	20	249	2975	40	13	225
$\bar{x}$	1140	1980	114	172	3360	556	31	328	5010	66	18	283
s	320	980	61	53	1410	605	19	98	1710	29	7	99

Tab.19: Gesamt-Gehalte (in ppm) einiger Schwermetalle in den Böden der drei Probenahmestellen.

Nr	----VERGLEICH-----				----UEBERGANG-----				----SCHUERZE-----			
	Fe	Mn	Zn	Pb	Fe	Mn	Zn	Pb	Fe	Mn	Zn	Pb
01	29400	2500	302	168	29000	370	222	474	31800	220	208	250
	29000	2660	302	166	31500	1560	267	240	32600	310	302	274
02	28400	5730	534	348	23600	1150	174	310	39900	460	366	480
	28500	5940	597	378	24200	2020	194	290	43400	500	390	496
03	23400	3160	304	196	26000	390	166	302	27700	260	145	198
	23200	3360	330	208	32800	2240	276	350	35900	350	211	283
04	26800	1440	321	227	31600	480	288	438	33600	360	260	322
	25600	1780	398	213	28200	770	278	384	33900	380	323	378
05	18800	1140	218	230	28000	260	255	491	28200	270	265	357
	18400	1190	296	216	20200	260	164	308	27100	250	265	623
06	24800	1330	328	310	39300	350	387	606	34400	320	298	316
	24000	2400	438	253	33300	420	339	450	42500	350	423	480
07	19600	1280	308	196	36900	420	396	669	36900	370	450	531
	20200	2240	588	202	2200	870	290	348	59700	570	702	621
08	30200	2360	284	160	36300	340	298	473	38000	350	286	300
	30000	2260	298	140	34000	990	268	315	36200	330	278	332
09	14800	1770	170	132	22800	610	208	314	22400	240	182	228
	18800	2700	248	138	15600	1830	160	186	44100	480	495	462
10	15000	1790	250	154	28000	390	300	440	19000	170	180	204
	15600	2340	302	158	22000	820	280	360	21800	190	220	350
11	17400	1900	216	166	21000	360	223	380	19800	250	182	216
	16600	2120	254	158	17800	1320	220	298	21400	280	230	290
12	14200	790	182	218	19800	240	238	445	18400	210	194	298
	15400	1600	280	306	21300	250	263	495	29100	350	339	654
13	17600	1920	290	230	21200	500	238	432	23800	250	276	232
	16800	1930	308	200	17000	1930	302	224	35500	410	488	465
14	17800	1010	186	208	18800	200	193	378	21600	230	184	240
	20800	2380	356	268	21300	330	215	325	19600	210	170	274
$\bar{x}$	21500	2250	317	212	25900	774	254	383	31400	319	297	363
s	5300	1190	108	63	6600	618	61	109	9700	100	126	135

Tab.20: Ergebnisse des U-Tests zur Prüfung der Unterschiede bodenchemischer Parameter zwischen den Probenahmestellen. Es werden die in den Tabellen 11 bis 19 angegebenen 28 Einzelmessungen miteinander verglichen und geprüft, ob sich signifikant positive (+) oder negative (-) Veränderungen zwischen zwei Probenahmestellen nachweisen lassen. Die Signifikanzniveaus sind in Kap. 2.3.3. angegeben.

	VERGLEICH-UEBERGANG	UEBERGANG-SCHUERZE	VERGLEICH-SCHUERZE
Mächtigkeit der organischen Auflagen und des Mineralbodens			
O(L)-Schicht	n.s.	---	---
O(F)-Schicht	+++	---	n.s.
A(h)-Schicht	n.s.	n.s.	n.s.
Kohlenstoff- und Sickstoffgehalte, C/N-Verhältnisse			
C-Gesamt	++	n.s.	+
N-Gesamt	n.s.	n.s.	n.s.
C/N	+++	n.s.	+++
pH-Werte			
pH(H_2O)	---	---	---
pH($CaCl_2$	---	---	---
wasserlösliche Kationen			
Ca	---	---	---
H	+++	+++	+++
Al	++	---	n.s.
Fe	+++	n.s.	+++
molare Verhältnisse			
H/Ca	+++	+++	+++
Al/Ca	+++	---	+++
Fe/Ca	+++	+	+++
austauschbare Kationen			
Ca	---	---	---
Mg	---	n.s.	---
K	n.s.	n.s.	n.s.
Al	+++	-	+++
Fe	+++	+++	+++
Mn	n.s.	---	---
Zn	n.s.	--	--
Pb	+++	+	+++
H	+++	+++	+++
effektive Austauschkapazität			
AK_{eff}	---	--	---
Kationensättigung			
Ca	---	n.s.	---
Mg	--	n.s.	n.s.
K	+++	+++	+++
Al	+++	n.s.	+++
Fe	+++	+++	+++
Mn	n.s.	---	-
Zn	n.s.	n.s.	n.s.
Pb	+++	++	+++
H	+++	+++	+++
EDTA-lösliche Schwermetalle			
Fe	+++	+++	+++
Mn	---	---	---
Pb	+++	+	+++
Zn	---	---	---
Schwermetall-Gesamtgehalte			
Fe	+	++	+++
Mn	---	---	---
Pb	+++	n.s.	+++
Zn	--	n.s.	n.s.

Tab.21: Liste aller auf den Probenahmestellen vorkommenden Arten der Krautschicht. Angabe der Zeigerwerte (nach ELLENBERG 1979) und der Lebensformen (Lf, nach OBERDORFER 1983).

Nr	------ Artname und Abkürzung ------		L	T	K	F	R	N	Lf
01	Anemone ranunculoides	= ANEM RANU	3	6	4	6	8	8	G
02	Atropa bella-donna	= ATRO BELL	6	6	2	5	8	8	H
03	Bromus benekenii	= BROM BENE	5	5	4	5	8	5	H
04	Campanula trachelium	= CAMP TRAC	4	5	3	5	8	8	H
05	Corydalis cava	= CORY CAVA	3	6	4	6	8	8	G
06	Sanicula europaea	= SANI EURO	4	5	3	5	8	7	H
07	Alliaria petiolata	= ALLI PETI	5	6	3	5	7	9	H
08	Allium ursinum	= ALLI URSI	2	X	2	6	7	8	G
09	Arum maculatum	= ARUM MACU	3	6	2	7	7	8	G
10	Carex sylvatica	= CARE SYLV	2	5	3	5	7	5	H
11	Circaea lutetiana	= CIRC LUTE	4	5	3	6	7	7	G
12	Cynanchum vincetoxicum	= CYNA VINC	6	5	5	3	7	3	H
13	Hepatica nobilis	= HEPA NOBI	4	6	4	4	7	4	H
14	Hordelymus europaeus	= HORD EURO	3	5	4	5	7	6	H
15	Lamiastrum galeobdolon	= LAMI GALE	3	5	4	5	7	5	Ch
16	Lathyrus vernus	= LATH VERN	4	X	4	4	7	X	G
17	Mercurialis perennis	= MERC PERE	2	5	3	X	7	7	G
18	Ranunculus ficaria	= RANU FICA	4	5	3	7	7	7	G
19	Stachys sylvatica	= STAC SYLV	4	X	3	7	7	7	H
20	Vicia sepium	= VICI SEPI	X	X	5	5	7	5	H
21	Viola reichenbachiana	= VIOL REIC	4	5	4	5	7	6	H
22	Brachypodium sylvaticum	= BRAC SYLV	4	5	3	5	6	6	H
23	Epilobium montanum	= EPIL MONT	4	X	3	5	6	6	H
24	Festuca gigantea	= FEST GIGA	4	5	3	7	6	6	H
25	Galium aparine	= GALI APAR	7	5	3	X	6	8	T
26	Melica uniflora	= MELI UNIF	3	5	2	5	6	X	H
27	Moehringia trinervia	= MOEH TRIN	4	5	3	5	6	7	T
28	Polygonatum multiflorum	= POLY MULT	2	5	5	5	6	4	G
29	Scrophularia nodosa	= SCRO NODO	4	5	3	6	6	7	H
30	Urtica dioica	= URTI DIOI	X	X	X	6	6	8	H
31	Dryopteris filix-mas	= DRYO FILI	3	X	3	5	5	6	H
32	Hieracium sylvaticum	= HIER SYLV	4	X	3	5	5	4	H
33	Milium effusum	= MILI EFFU	4	X	3	5	5	5	H
34	Poa nemoralis	= POA NEMO	5	X	5	5	5	3	H
35	Dryopteris carthusiana	= DRYO CART	5	X	3	X	4	3	H
36	Oxalis acetosella	= OXAL ACET	1	X	3	6	4	7	H
37	Luzula luzuloides	= LUZU LUZU	4	X	4	X	3	4	H
38	Maianthemum bifolium	= MAIA BIFO	2	X	6	X	3	3	G
39	Avenella flexuosa	= AVEN FLEX	6	X	2	X	2	3	H
40	Anemone nemorosa	= ANEM NEMO	X	X	3	X	X	X	G
41	Athyrium filix-femina	= ATHY FILI	4	X	3	7	X	6	H
42	Convallaria majalis	= CONV MAJA	5	X	3	4	X	4	G
43	Dryopteris dilatata	= DRYO DILA	4	X	3	6	X	7	H
44	Fragaria vesca	= FRAG VESC	7	X	5	5	X	6	H
45	Galeopsis tetrahit	= GALE TETR	7	X	3	5	X	7	T
46	Galium odoratum	= GALI ODOR	2	5	2	5	X	5	G
47	Geranium robertianum	= GERA ROBE	4	X	3	X	X	7	H
48	Glechoma hederacea	= GLEC HEDE	6	5	3	6	X	7	H
49	Impatiens parviflora	= IMPA PARV	4	6	5	5	X	6	T
50	Mycelis muralis	= MYCE MURA	4	5	2	5	X	6	H
51	Phyteuma spicatum	= PHYT SPIC	X	X	4	5	X	5	H

Tab.22 bis 35: Angabe der Präsenz und Frequenz der auf den drei Probenahmestellen der 14 Untersuchungsflächen vorkommenden Arten der Krautschicht. Die Abkürzungen der Arten sind in Tabelle 21 erläutert.

01-Strubberg----			------------------PRAESENZ------------------			FREQUENZ(%)		
Nr	---Art---	R	-----VERGLEICH------	UEBERGANG-	-SCHUERZE-	VER	UEB	SCH
01	BROM BENE	8	........+...........	....	....	5		
02	CAMP TRAC	8	...................+	....	....	5		
03	SANI EURO	8	.++.....+..........+	.+........	....	20	10	
04	LAMI GALE	7	....+++++.+.++++++.+	.......+..	........+.	65	10	10
05	MERC PERE	7	..+.++.....+...+++.+	.......+..	....	40	10	
06	VIOL REIC	7	+++++.+.+.....+..++.	++.......+	....	50	30	
07	FEST GIGA	6	..+.................	....	....	5		
08	MELI UNIF	6	++++++++++++++++++++	++++++++++	..+...+...	100	100	20
09	POLY MULT	6	..............+.....	....	....	5		
10	HIER SYLV	5	............+.......	....	....	5		
11	POA NEMO	5	.++.................	.+........	....	10	10	
12	ANEM NEMO	X	+++++.+++++++++.+++.	++++++.+..	....	85	70	
13	FRAG VESC	X	.+++................	.........+	.........+	20	10	10
14	GALI ODOR	X	+++++.+++...+..+++++	...++++...	...++.....	70	40	20
15	IMPA PARV	X	....++++..+++...++..	..+++++.+.	..++.+.+..	45	60	40
16	MYCE MURA	X	..+..............+..	....	....	10		

02-Gr.Freeden---			------------------PRAESENZ------------------			FREQUENZ(%)		
Nr	---ART---	R	-----VERGLEICH------	UEBERGANG-	-SCHUERZE-	VER	UEB	SCH
01	ANEM RANU	8	++.+++.........++...	++........	....	35	20	
02	CORY CAVA	8	++++++++++++++++++++	+....+.+++	....	100	50	
03	ARUM MACU	7	.+...+..............	....	....	10		
04	LAMI GALE	7	+.....+.++....+++++.	....+...+.	....	45	20	
05	MERC PERE	7	+++++++++++++++++.++	++..+++.++	.+........	95	70	10
06	RANU FICA	7	.+.+........+.....+.	+.........	....	20	10	
07	POLY MULT	6	+...................	+.........	....	5	10	
08	OXAL ACET	4	......+........+....	...+......	....	10	10	
09	GALI ODOR	X	...................+	....	....	5		

03-Wehdeberg----			-------------------PRAESENZ-------------------			FREQUENZ(%)		
Nr	---Art---	R	-----VERGLEICH------	UEBERGANG-	-SCHUERZE-	VER	UEB	SCH
01	ATRO BELL	8	.........+..........	....	....	5		
02	CORY CAVA	8	+++++....+++...+.+.+	+...++....	....	55	30	
03	ALLI PETI	7	+++++++.+++.++++++.+	+.....++++	....	85	50	
04	ALLI URSI	7	++++++++++++++++++++	++++++.+.+	....	100	80	
05	ARUM MACU	7	...+................	+.........	....	5	10	
06	CIRC LUTE	7	........+...++....++	....	....	25		
07	LAMI GALE	7	++.+.+++++++++++++++	++++.+++.+	.........+	90	80	10
08	MERC PERE	7	++++++++.++.++++++..	..++...++.	....	80	40	
09	STAC SYLV	7	........+..+........	....	....	10		
10	POLY MULT	6	...+.+...+.......+..	+.......++	....	20	30	
11	URTI DIOI	6	........+...........	....	....	5		
12	MILI EFFU	5	......+.+..+........	....+.....	....	15	10	
13	DRYO CART	4	...................+	.....+....	.......+..	5	10	10
14	OXAL ACET	4	.........+..........	+........+	....	5	20	
15	ATHY FILI	X	..................+.	....	....	5		
16	GALI ODOR	X	+....++.++++++....++	....+.+...	....	50	20	
17	GERA ROBE	X	..+.+...+++.+++.+...	+.........	....	45	10	
18	GLEC HEDE	X	.................+..	....	....	5		
19	IMPA PARV	X	+......+.+++++++++..	...+++++++	+.........	55	70	10
20	MYCE MURA	X	...+..........+....+	.......+..	....	15	10	

04-Schollegge---			-------------------PRAESENZ-------------------			FREQUENZ(%)		
Nr	---Art---	R	-----VERGLEICH------	UEBERGANG-	-SCHUERZE-	VER	UEB	SCH
01	ANEM RANU	8	.................+..	....	....	5		
02	CAMP TRAC	8	......+...+.........	....	....	10		
03	ALLI PETI	7	..........++.+++....	....	....+.....	25		10
04	ALLI URSI	7	....+...............	....	....	5		
05	ARUM MACU	7	.........+..........	....	....	5		
06	LAMI GALE	7	+++.++..+.+++.++++++	..+.++..++	....	75	50	
07	MERC PERE	7	+.....++....++++....	...+..++..	....	35	30	
08	VICI SEPI	7	+++++....+.....+...+	+.........	....	40	10	
09	VIOL REIC	7	.....+..............	....	....	5		
10	MELI UNIF	6	++++++.++++++.++++++	+++.++..++	.+........	90	70	10
11	MOEH TRIN	6	..........+.........	....	....	5		
12	POLY MULT	6	...................+	..+.......	..+.......	5	10	10
13	URTI DIOI	6	.+..................	....	....	5		
14	MILI EFFU	5	+++++++++++++.++++.+	++.+.+++.+	.......+.+	90	70	20
15	POA NEMO	5	....+.+........+....	....	.+........	15		10
16	ANEM NEMO	X	....+...........+..+	....	....	15		
17	GALI ODOR	X	.....+...........+..	..+.......	....	10	10	
18	GERA ROBE	X	...........+........	....	....	5		
19	MYCE MURA	X	......+...++........	....	....	15		

05-Jostberg-----			------------------PRAESENZ------------------			FREQUENZ(%)		
Nr	---Art---	R	-----VERGLEICH------	UEBERGANG-	-SCHUERZE-	VER	UEB	SCH
01	ANEM RANU	8	+++..+.+++..+..+....	....	....	45		
02	ALLI PETI	7	.....+..............	....	....	5		
03	ALLI URSI	7	+........+.+........	....	....	15		
04	ARUM MACU	7	.........+..........	....	....	5		
05	CIRC LUTE	7	..............+.+...	....	....	10		
06	HORD EURO	7	++..++.+.++.+.+....+	....	....	50		
07	LAMI GALE	7	++++.+....+.........	........+.	....	30	10	
08	LATH VERN	7	.......+.....++.++..	....	....	25		
09	VICI SEPI	7	++.+.++++....++++++.	.....+....	....	65	10	
10	BRAC SYLV	6	..................+.	....	....	5		
11	MELI UNIF	6	++++++++++++++++++++	.+++++++++	+........+	100	90	20
12	URTI DIOI	6	+......+.......+....	.....+....	....	15	10	
13	MILI EFFU	5	++.+++++++++++++.+++	...+..++.+	....+.....	90	40	10
14	POA NEMO	5	.+..+....+...+...+..	......+...	....	25	10	
15	DRYO CART	4	....	....	......+...			10
16	OXAL ACET	4	..................+.	....++...+	....	5	30	
17	LUZU LUZU	3	....	....	...++.++..			40
18	MAIA BIFO	3	....	....	.......+..			10
19	ANEM NEMO	X	+.++.+.++...+.+.+.+.	......+.+.	.++.......	50	20	20
20	DRYO DILA	X	..+.................	....	....	5		
21	GALE TETR	X	.+..................	.....+....	....	5	10	
22	GALI ODOR	X	++++++++++++++++++++	...++...+.	+++..++...	100	30	50

06-Blömbkeberg--			------------------PRAESENZ------------------			FREQUENZ(%)		
Nr	---Art---	R	-----VERGLEICH------	UEBERGANG-	-SCHUERZE-	VER	UEB	SCH
01	ANEM RANU	8	++...++.....+..+....	....	....	30		
02	CAMP TRAC	8	....+.........+.....	....	....	10		
03	ALLI URSI	7	...+............+...	....	....	10		
04	ARUM MACU	7	.................+..	....	....	5		
05	CIRC LUTE	7	..+.......+.......++	....	....	20		
06	HORD EURO	7	....++..+++..++.++++	....	....	55		
07	LAMI GALE	7	...........+++.++...	.+........	....	25	10	
08	LATH VERN	7	..+.................	....	....	5		
09	VICI SEPI	7	.+........+.....++++	....	....	30		
10	VIOL REIC	7	..+.................	....	....	5		
11	EPIL MONT	6	...........+........	....	....	5		
12	MELI UNIF	6	++++++++++++++++++++	+.++.+++..	.+..+...++	100	60	40
13	POLY MULT	6	..............+.....	....	....	5		
14	URTI DIOI	6	...................+	....	....	5		
15	MILI EFFU	5	+++...++....+...+.++	.....+...+	....	45	20	
16	POA NEMO	5	..+.................	....	....	5		
17	OXAL ACET	4	++.+..............+.	...+.+....	.+..+.+.++	20	20	50
18	ANEM NEMO	X	++.+++++++.+++.+++.+	....++.+..	....	80	30	
19	CONV MAJA	X	....	....	.+........			10
20	GALI ODOR	X	++..+++.....+...++++	.....+.+.+	......+.+.	50	30	20
21	GERA ROBE	X	...+................	....	....	5		

07-Rosenberg----			------------------PRAESENZ------------------			FREQUENZ(%)		
Nr	---Art---	R	-----VERGLEICH------	UEBERGANG-	-SCHUERZE-	VER	UEB	SCH
01	ANEM RANU	8	...+.....+..........	....	....	10		
02	CAMP TRAC	8	+........+..........	....	....	10		
03	ALLI PETI	7	.............+......	........+.	....	5	10	
04	ALLI URSI	7	++.++++++.++++..++++	....+++++.	.....+.++.	80	50	30
05	HEPA NOBI	7	.+..............+...	....	....	10		
06	LAMI GALE	7	+++..++++++++++.+..+	+++..+....	.....+....	75	40	10
07	LATH VERN	7	..........+.........	....	....	5		
08	VIOL REIC	7	+...................	....	....	5		
09	GALI APAR	6	.......+............	....	....	5		
10	MELI UNIF	6	++++++++++++++++++++	++++++++++	+.+......+	100	100	30
11	POLY MULT	6	..............+..+..	....	.......+..	10		10
12	DRYO FILI	5	....+...............	....	....	5		
13	MILI EFFU	5	.......+............	....	....	5		
14	ANEM NEMO	X	..++.....+.+..+++++.	...+......	....	45	10	
15	ATHY FILI	X	...........+.....+..	....	....	10		
16	CONV MAJA	X	++++....+...+.+.....	++.....+.+	.+........	35	40	10

08-Auf dem Polle			------------------PRAESENZ------------------			FREQUENZ(%)		
Nr	---Art---	R	-----VERGLEICH------	UEBERGANG-	-SCHUERZE-	VER	UEB	SCH
01	ANEM RANU	8	...+................	....	....	5		
02	ALLI URSI	7	+.+.................	....	....	10		
03	ARUM MACU	7	.+..++.++.++.+++.+.+	....	....	60		
04	CARE SYLV	7	.........+..........	....	....	5		
05	LAMI GALE	7	........+++.........	....++....	....	15	20	
06	MERC PERE	7	++++++++++++++++++++	++++++++++	++........	100	100	20
07	VIOL REIC	7	...+................	....	....	5		
08	POLY MULT	6	....	.........+	....		10	
09	OXAL ACET	4	.....+..............	....	.........+	5		10

09-Menkh.Berge--			------------------PRAESENZ------------------			FREQUENZ(%)		
Nr	---Art---	R	-----VERGLEICH------	UEBERGANG-	-SCHUERZE-	VER	UEB	SCH
01	ANEM RANU	8	..............+...+.	....	....	10		
02	LAMI GALE	7	.....+..............	....	....	5		
03	MERC PERE	7	.++++++++++.+.++...+	++.+......	....	70	30	
04	VICI SEPI	7	....+........+.....+	+.........	....	15	10	
05	VIOL REIC	7	+...................	....	....	5		
06	MELI UNIF	6	++++++++++++++++++++	++++++++++	.....+....	100	100	10
07	AVEN FLEX	2	....	....	........++			20
08	ANEM NEMO	X	.+.....+....+.......	....	....	15		
09	PHYT SPIC	X	+.++.......++..+++..	..+....+++	......+...	40	40	10

10-Barkh.Berge--			------------------PRAESENZ------------------			FREQUENZ(%)		
Nr	---Art---	R	-----VERGLEICH------	UEBERGANG-	-SCHUERZE-	VER	UEB	SCH
01	CYNA VINC	7	......++............	......+...	....	10	10	
02	HEPA NOBI	7	......+.............	....	....	5		
03	LATH VERN	7	.......+..+.........	....	....	10		
04	MERC PERE	7	++++++++++++++++++++	++++++++++	..++....++	100	100	40
05	VICI SEPI	7	..........+........+	....	....	10		
06	VIOL REIC	7	...+..............+.	.......+.+	........+.	10	20	10
07	BRAC SYLV	6	....	......+...	....		10	
08	MELI UNIF	6	+++++++++++++.+++++.	.+.+++..+.	.....+....	90	50	10
09	POA NEMO	5	....	......+...	....		10	
10	AVEN FLEX	2	....	....	......++..			20
11	ANEM NEMO	X	.++.++.+++.+++.+++..	..++.+.++.	....	65	50	
12	GALI ODOR	X	+..........+........	..+.......	....	10	10	

11-Stapel.B. I--			-----PRAESENZ-----			FREQUENZ(%)		
Nr	---Art---	R	-----VERGLEICH------	UEBERGANG-	-SCHUERZE-	VER	UEB	SCH
01	ALLI PETI	7	................+...	....	....	5		
02	CARE SYLV	7	.......+.......+....	...+++..+.	....	10	40	
03	LAMI GALE	7	.+..............+...	....	....	10		
04	VICI SEPI	7	..+.......+......+..	....	....	15		
05	VIOL REIC	7	.........+.+........	....	....	10		
06	FEST GIGA	6	....	........+.	....		10	
07	MELI UNIF	6	++++++++++++++++++++	++++++++++	..+.....+.	100	100	20
08	MOEH TRIN	6	............+.......	.........+	..++......	5	10	20
09	URTI DIOI	6	...............+....	....	....	5		
10	MILI EFFU	5	+......+.+.....+.+..	.........+	....	25	10	
11	POA NEMO	5	........+...........	.........+	.+.+......	5	10	20
12	OXAL ACET	4	..+..+.+++..+.+.++.+	.....+..++	.+.++.+...	50	30	40
13	LUZU LUZU	3	....	....	...+.+...+			30
14	AVEN FLEX	2	....	....	.....+....			10
15	ANEM NEMO	X	.....+..............	....	..+.......	5		10
16	GALI ODOR	X	++++++.+++++..++++.+	..+..+..+.	....+..+..	80	30	20
17	GLEC HEDE	X	.................+..	....	....	5		
18	MYCE MURA	X	.........+.+........	.+.......+	..+.......	10	20	10

12-Stapel.B. II-			-----PRAESENZ-----			FREQUENZ(%)		
Nr	---Art---	R	-----VERGLEICH------	UEBERGANG-	-SCHUERZE-	VER	UEB	SCH
01	ANEM RANU	8	++......+++.....++.+	....	....	40		
02	ALLI PETI	7	.+......+...........	....	....	10		
03	ALLI URSI	7	.......+..........+.	....+.....	....	10	10	
04	ARUM MACU	7	.........+..........	....	....	5		
05	LAMI GALE	7	....	....	..+.......			10
06	MERC PERE	7	++++++++++++++++++++	++++++++++	......++..	100	100	20
07	VICI SEPI	7	.............+......	....	....	5		
08	MELI UNIF	6	...................+	....	....	5		
09	MOEH TRIN	6	..........+.........	....	....	5		
10	MILI EFFU	5	...+.+++.+.++.......	....+...+.	.+....+...	35	20	20
11	POA NEMO	5	..........+.........	.........+	.....+....	5	10	10
12	OXAL ACET	4	...+................	....	......+...	5		10
13	LUZU LUZU	3	....	....	+..+......			20
14	AVEN FLEX	2	....	....	...+......			10
15	ANEM NEMO	X	..++.+++...+.+...++.	.+.....+..	....	45	20	
16	GALI ODOR	X	..++++++..+++.+....+	...+.....+	....	55	20	
17	GLEC HEDE	X	....	....	....+.....			10
18	MYCE MURA	X	..........+........+	....	....	10		

13-Hermannsberg- Nr	---Art---	R	---PRAESENZ--- -----VERGLEICH------	UEBERGANG-	-SCHUERZE-	FREQUENZ(%) VER	UEB	SCH
01	ANEM RANU	8	++++..++.+++.+++++.+	....	....	75		
02	ARUM MACU	7	........+..+........	....	....	10		
03	MERC PERE	7	++++++++++++++++++++	++++++++++	...+......	100	100	10
04	MILI EFFU	5	.................+..	....	....	5		
05	POA NEMO	5	....	.......+..	....		10	
06	OXAL ACET	4	...+.++.+........+..	+....+..+.	......++..	25	30	20
07	DRYO DILA	X	....	....	.......+..			10
08	GALI ODOR	X	....+...+........+..	....+.....	....	15	10	

14-Hörster Berg- Nr	---Art---	R	---PRAESENZ--- -----VERGLEICH------	UEBERGANG-	-SCHUERZE-	FREQUENZ(%) VER	UEB	SCH
01	ARUM MACU	7	..++..............+.	....	....	15		
02	LAMI GALE	7	+.................+.	.........+	....	10	10	
03	MERC PERE	7	+++++...+++..++..+++	++......+.	....	65	30	
04	STAC SYLV	7	..............+.....	....	....	5		
05	VIOL REIC	7	........+...........	....	....	5		
06	MELI UNIF	6	++++++++++++++++++++	++++++++++	...+.+.+..	100	100	30
07	POLY MULT	6	.............+......	....	....	5		
08	SCRO NODO	6	......+.............	....	....	5		
09	MILI EFFU	5	.....++.............	....+.....	....	10	10	
10	OXAL ACET	4	.+..........++..+...	.....+.+..	.....+....	20	20	10
11	LUZU LUZU	3	....	..+.......	....		10	
12	AVEN FLEX	2	....	....	..+....+..			20
13	ANEM NEMO	X	.+..........++....+.	....	....	20		
14	GALI ODOR	X	...........+..+...+.	......+..+	......+...	15	20	10

Tab.36: Artenzahlen(n), Frequenzsumme(F Σ), Diversität(D) und Evenness(E) auf den drei Probenahmestellen der 14 Untersuchungsflächen.

Nr	VERGLEICH n	F(Σ)	D	E	UEBERGANG n	F(Σ)	D	E	SCHUERZE n	F(Σ)	D	E
01	16	540	2.35	84.8	10	350	1.95	84.6	5	100	1.47	91.4
02	9	325	1.75	80.0	7	190	1.66	85.2	1	10	--	--
03	20	675	2.53	84.6	14	470	2.36	89.6	3	30	1.10	100.
04	19	460	2.40	81.4	7	250	1.68	86.1	5	60	1.56	96.8
05	19	640	2.52	85.7	10	260	1.98	85.9	7	160	1.75	89.9
06	20	515	2.53	84.4	6	170	1.65	92.1	4	120	1.24	89.2
07	16	415	2.19	78.9	6	250	1.53	85.5	5	90	1.46	91.0
08	8	205	1.41	67.8	3	130	0.69	62.5	2	30	0.64	91.8
09	8	260	1.62	77.7	4	180	1.12	80.1	3	40	1.04	94.6
10	9	320	1.65	75.1	8	260	1.70	81.8	4	80	1.21	87.5
11	15	340	2.10	77.5	9	260	1.85	84.3	9	180	2.09	95.3
12	14	335	2.05	77.5	6	180	1.38	77.0	8	110	2.02	97.1
13	6	230	1.37	76.3	4	150	0.95	68.8	3	40	1.04	94.6
14	12	275	1.94	78.1	7	200	1.54	79.2	4	70	1.28	92.1
$\bar{x}$	13.6	395	2.03	79.3	7.2	236	1.57	81.6	4.5	80	1.38	93.2
s	5.0	150	0.41	4.8	2.9	89	0.43	7.9	2.2	50	0.41	3.6

Tab.37: Ergebnisse des U-Tests zur Prüfung der Unterschiede vegetationskundlicher Parameter zwischen den Probenahmestellen. Es werden die in der Tabelle 36 angegebenen Werte der 14 Untersuchungsflächen miteinander verglichen und geprüft, ob sich signifikant positive (+) oder negative (-) Veränderungen zwischen zwei Probenahmestellen nachweisen lassen. Die Signifikanzniveaus sind in Kap. 2.3.3. angegeben.

	VERGLEICH-UEBERGANG	UEBERGANG-SCHUERZE	VERGLEICH-SCHUERZE
Artenzahl	--	-	---
Frequenzsumme	--	---	---
Diversität	-	n.s.	---
Evenness	n.s.	+++	+++